Stefan Alkofer

SO FUNKTIONIERT DIE DIESELLOK

Stefan Alkofer

SO FUNKTIONIERT DIE DIESELLOK

transpress

Einbandgestaltung:
Sven Rauert unter Verwendung von Vorlagen aus dem
Archiv des Verfassers.

Bildnachweis:
Die zur Illustration dieses Buches verwendeten Aufnahmen und Zeichnungen stammen – wenn nichts anderes vermerkt ist – vom Verfasser.

ISBN 3-613-71715-2

1. Auflage 2024

Sie finden uns im Internet unter www.transpress.de

Lektorat: Hartmut Lange
Innengestaltung: Jürgen Knopf, Printprodukte, 74321 Bietigheim
Satz: ws-printmedien
Druck und Bindung: HUNTER Books GmbH, Kleyerstraße 3,
64295 Darmstadt
Printed in Germany

Inhalt

Ein Gigant auf Schienen steht Anfang der 1970er-Jahre im alten BW Kempten: Die DB-Baureihe 232 war mehr oder weniger eine verdoppelte Baureihe 216. Die Lokomotive ist nach mehr als 40 Jahren immer noch bei der Gleisbaufirma Wiebe im Dienst.

Foto: T. Fries / Sammlung A. Kiebler

Vorwort

In den 1970er-Jahren war die Elektrifizierung bei der Deutschen Bundesbahn schon weit fortgeschritten. Der Dampflokeinsatz beschränkte sich auf immer weniger Inseln und dort, wo der Fahrdraht sich nicht lohnte, hatten meist noch relativ neue Diesellokomotiven die Zugförderung übernommen.
Wenn man wie ich in dieser Zeit im oberbayerischen Landsberg am Lech aufwuchs, dann spielte die Dampflokomotive im persönlichen Erleben keine Rolle. Auf den Strecken von München Richtung Allgäu war dafür das ganze Diesellokprogramm der Bundesbahn zu beobachten: V 100, V 200, die V 160-Familie und Exoten wie die sechsachsige V 320 sowie die acht Gasturbinenloks der Baureihe 210. Im steigungs- und kurvenreichen Allgäu testete die Bundesbahn immer wieder ihre neuen Diesellok-Baureihen. Aber auch die eleganten VT 11.5-Triebwagen, Schienenbusse und die Baureihen 627 und 628 prägten den dortigen Schienenalltag.
In Deutschland haben Dieselloks nie den Rang erreicht, der ihnen global betrachtet zusteht. Die Diesellokomotive ist weltweit betrachtet die wichtigste Traktionsart. Gerade in Flächenstaaten wie den USA, wo große Teile des Güterverkehrs noch immer auf der Schiene abgewickelt werden, machen sich die speziellen Vorzüge der Dieseltraktion besonders bemerkbar. Dennoch: Auch in Europa und Deutschland ist moderner Schienenverkehr ohne die Selbstzünder kaum vorstellbar.
Die Entwicklungsgeschichte der Diesel-Schienenfahrzeuge reicht gerade einmal gute sieben Jahrzehnte zurück. In dieser Zeitspanne machte die Dieseltechnologie große Fortschritte, vor allem bei der Motorenentwicklung und der Leistungsübertragung.
Dieses Buch will mehr Verständnis von der Funktionsweise der Diesellokomotive vermitteln: Das Verständnis des Motors umfasst thermodynamische Überlegungen und chemische Kenntnisse. Die Kraftübertragung setzt Wissen auf den Gebieten der Hydrodynamik oder der Elektrotechnik voraus. Grundgesetze der Mechanik sind unverzichtbar.
Die Diesellok ist die vielseitigste und komplexeste Lokomotivform und das Thema ist derart umfassend, dass in diesem Buch starke Einschränkungen vorgenommen werden mussten.
Das Buch dreht sich um die Diesellok im Allgemeinen ohne spezielle Landesbeschränkung, aber eine gewisse Vorliebe für die deutsche Fahrzeuggeschichte und die Fahrzeuge der Deutschen Bundesbahn, Deutschen Reichsbahn und der DB AG soll nicht geleugnet werden.
Mein Dank gilt allen, die am Zustandekommen des Buches beteiligt waren. Ein spezieller Dank geht an Axel, Jochen und Uli.

Stefan Alkofer

1. Geschichte und Klassifizierung

Ohne Diesel geht es nicht: 241 353 schleppt am 10. Mai 2001 eine Einheits-E-Lok an der Bochumer Zeche »Präsident« vorbei.
Foto: Marcus Henschel

DB
241 353-2

1.1 Was kennzeichnet eine Diesellok?

Diesellokomotiven können – aus dem Blickwinkel des Eisenbahnbetriebs gesehen – prinzipiell alles. Es gibt keinen Lokomotivtyp, der vielseitiger einsetzbar ist. Der Verbrennungsmotor erlaubt den Konstrukteuren, beinahe jedes Anforderungsprofil zu erfüllen. Wie die Dampflokomotive ist die Diesellok autark, das bedeutet, sie ist unabhängig vom Fahrdraht und ihr Einsatzradius hängt vom Volumen des Kraftstofftanks und ihres Verbrauchs ab.
Auch wenn der Dieselmotor eigentlich nicht ideal für den Schienenverkehr geeignet ist (siehe hierzu Seite 64 ff.), haben die Konstrukteure Kraftübertragungsanlagen entwickelt, die alle systemimmanenten Defizite des Motors aufheben. Mit anderen Worten: Der Erfindungsreichtum der Ingenieure hat für jedes Problem, das den Einsatz des Dieselmotors in einer Lokomotive erschwerte, eine Lösung gefunden. Heutzutage bieten die Fahrzeughersteller die Selbstzünder-Maschinen für beinahe jeden Einsatzzweck an, von der kleinen Rangierlokomotive bis zur Streckenlokomotive für den hochwertigen Reisezugdienst. Die Vielfalt der Typen und Formen unter den Fahrzeugen ist beeindruckend. Lokomotiven mit Mittelführerstand, die mit Umlauf

Als Universallokomotive für Güter- und Personenzüge beschaffte die DB in den 1960er-Jahren die Baureihe V160. Die ersten neun Prototypen hatten noch eine etwas rundlichere Form, die ihnen den Spitznamen »Lollo« einbrachte. Patin dieses Namnes war die populäre italienische Filmschauspielerin Gina Lollobrigida. Im März 1987 genießt V 160 003 das Abendlicht im Bw Gelsenkirchen-Bismarck.

Foto: Marcus Henschel

und Blick auf die Puffer für den Rangiereinsatz prädestiniert sind und einen einfachen Zugang zu allen Maschinenanlagen erlauben, bis zu großen Streckenlokomotiven mit zwei Endführerständen und einer selbsttragenden Konstruktion, die eine bessere Streckensicht bieten. In den USA waren Loks mit nur einem Führerstand, so genannte A-Units, populär, da sie meist in Doppeltraktion verkehrten. Zur Leistungssteigerung wurden sogar führerstandslose B-Units gebaut, die zwischen den A-Units eingereiht wurden.

1.2 Späte Revolution: Der Dieselmotor und die Eisenbahn

Das Aufkommen der Verbrennungsmotoren hat das Leben auf der Erde grundlegend verändert. Nachdem sie betriebssicher und erschwinglich wurden, stand Bewegungsenergie an beinahe jedem Ort zur Verfügung. Eine Fabrik konnte sich auf einmal überall niederlassen. Aber nicht nur die Industrie wurde unabhängig von Flüssen oder Kohlevorkommen. Die gesamte Gesellschaft wurde im 20. Jahrhundert mobil. Die Weiterentwicklung des Otto- und des Dieselmotors sowie ihr Einbau in Kraftwagen ermöglichten erst unsere heutige Gesellschaft mit ihrem ausgeprägten Individualverkehr.

Auch die Schienenlandschaft hat Rudolf Diesels geniale Erfindung vollständig verändert. Die Diesellok verdrängte spätestens ab den 1950er-Jahren endgültig die Dampflok, und in manchen Erdteilen wie etwa Nordamerika ist sie heutzutage beinahe Alleinherrscherin auf dem Schienenstrang. Das Aufkommen der Dieselloks geht Hand in Hand mit der Entwicklung und dem Fortschritt beim Bau von Verbrennungsmotoren. Gegen Ende des 19. Jahrhunderts begann der Siegeszug des Verbrennungsmotors, und schon früh erkannten die damaligen Ingenieure sein

Rudolf Diesel widmete sein Leben seinem Motor. Der geniale Konstrukteur starb im Jahr 1913 auf mysteriöse Weise bei einer Fahrt über den Ärmelkanal.

Foto: Historisches Archiv der MAN AG, Augsburg

Potenzial für den mobilen Einsatz. Im Gegensatz zur schweren Dampfmaschine überzeugten die neuen Maschinen von Anfang an durch ihre kompakte Bauart.

Einer der wichtigsten Entwicklungsschritte in den Frühzeiten der Brennkraftmaschinen war der Ersatz gasförmiger Brennstoffe durch flüssige. Erst dieser Schritt ermöglichte die Mobilität.

Zu Beginn stand aber das Bedürfnis nach einer Alternative zur Dampfmaschine als ortsfestes Kraftwerk. Dampfmaschinen erfordern vergleichsweise viel Platz und müssen zudem durchgehend von einem Maschinisten geheizt, geschmiert und bedient werden. Voraussetzungen, die vor allem in kleineren Betrieben mit ge-

Ende der 1950er-Jahre begannen die Österreichischen Bundesbahnen ihre Dampfloks auf den 760-Millimeter-Strecken abzulösen. Zu diesem Zweck entwickelte Simmering-Graz-Pauker die dieselhydraulische Baureihe 2095 von der insgesamt 15 Stück gebaut wurden.

ringerem Leistungsbedarf den Einsatz wirtschaftlich nicht rechtfertigten. Im 19. Jahrhundert gab es noch kein elektrisches Leitungsnetz, in das überschüssig erzeugte Energie hätte eingespeist werden können. Die eingesetzten Dampfmaschinen dienten damals nicht der Stromerzeugung, sondern trieben über Transmissionsriemen direkt Maschinen an.

Seit Otto von Guericke (1602–1686) war bekannt, dass der atmosphärische Luftdruck zu mechanischer Arbeit herangezogen werden kann. Der Erfinder der Luftpumpe bewies die Kraft des Luftdrucks mit Hilfe zweier evakuierter Halbkugeln, die von acht Pferden nicht getrennt werden konnten und die nach Beseitigung des Vakuums auseinander fielen. Basierend auf diesen Erkenntnissen unternahmen zahlreiche Naturwissenschaftler des 17., 18. und 19. Jahrhunderts Experimente, bei denen ein durch Verbrennung erzeugtes Vakuum zum Antrieb genutzt werden sollte.

Der Franzose Auguste Lenoir (1822–1900) entwickelte um 1860 den ersten industriell eingesetzten Verbrennungsmotor. Sein mit Leuchtgas (auch bekannt als Stadtgas, ein Gemisch aus Wasserstoff, Methan und Kohlenmonoxid) betriebener Motor war noch an die Dampfmaschine angelehnt, aber ein wichtiger Schritt war vollzogen. Das Arbeitsmedium musste nicht mehr extern erhitzt werden wie bei der Dampfmaschine, wo mit einem Kohlefeuer zunächst Wasserdampf erzeugt wurde, der anschließend seine Energie im Zylinder an die Kolben abgibt. Eine Zündung ließ jetzt ein Gas-Luft-Gemisch direkt im Zylinder verbrennen, und das sich ausdehnende Verbrennungsgas trieb den Kolben an. Außerdem konnte

Der erste Star unter den deutschen Dieselloks war die Baureihe V 200. 221 135 ist heute noch in Betrieb und steht im April 2004 in bestem Pflegezustand in Tübingen.

Rudolf Diesels erster Motor steht heute im MAN-Museum in Augsburg.

Foto: Historisches Archiv der MAN AG, Augsburg

Lenoirs Motor kontinuierlich arbeiten und wurde nur über die zugeführte Gasmenge reguliert. Ein kohleschaufelnder Heizer war jetzt überflüssig. Lenoirs Gasmotoren leisteten bis knapp über zwei Kilowatt, allerdings liefen sie unruhig und müssen unangenehm laut gewesen sein.

Ein schwerwiegender Nachteil, unabhängig von konstruktiven Unzulänglichkeiten, war die Abhängigkeit von Gas, für das es damals kein Leitungsnetz gab, und somit konnten diese Gasmotoren nur in unmittelbarer Nähe von Gasproduzenten (z.B. Kokereien) sinnvoll zum Einsatz kommen.

Nikolaus Otto (1832–1891), ein gelernter Kaufmann, war von der in der damaligen Öffentlichkeit sehr beworbenen Lenoir-Maschine angetan und wollte diese verbessern. Sein erstes Anliegen galt dem Einsatz flüssiger Brennstoffe, die in einem Vergaser für den Motor aufbereitet werden sollten. Einen Patentantrag dazu lehnte man damals jedoch ab. Seine weiteren Versuche galten wieder der Verbesserung des Gasmotors. Zunächst entwickelte er einen atmosphärischen Motor, eine Maschine, die nicht viel mit unserem heutigen Bild eines Motors zu tun hatte, die aber bereits ruhiger lief als das Lenoir-Modell. Dieser Motor legte den Grundstein für die Gasmotorenfabrik Deutz in Köln, die Otto gemeinsam mit Eugen Langen (1833–1895) gründete.

Die entscheidende Leistung Ottos war das Verständnis beziehungsweise die sich später als zutreffend erweisenden Vermutungen über den Ablauf des Verbrennungsprozesses und seine Entwicklung des Vier-Takt-Verfahrens.

Der im Vergleich zu Otto etwas jüngere Rudolf Diesel (1858–1913) studierte in München bei Carl von Linde (1842–1934), dem Pionier der Kältetechnik. Dabei kam er in Kontakt mit der Thermodynamik und stellte eigene Überlegungen zu Kreisprozessen an. Diese Kenntnisse der Thermodynamik nutzte er, um den nach ihm benannten Motor zu entwerfen. Sein Ziel war es, Luft so hoch zu verdichten, dass sie sich über die Zündtemperatur des Kraftstoffs erwärmen würde. In die komprimierte und nunmehr heiße Luft müsste nur noch der geeignete Kraftstoff eingespritzt werden. Ein solcher Motor könnte auf eine externe Zündeinrichtung verzichten.

So standen gegen Ende des 19. Jahrhunderts plötzlich zwei Motorbauarten zur Verfügung, die auch in mobilen Anlagen Verwendung finden könnten. Bald schon fuhren die ersten Automobile durch das Land, aber die Leistungen der ersten Motoren waren so schwach, dass an den Einbau in größere Lokomotiven noch nicht zu denken war.

Aber Kleinlokomotiven wurden schon bald konzipiert. Loks mit Verbrennungsmotoren konnten auf das Mitführen großer Mengen von Kesselspeisewasser und mehrerer Tonnen Kohle verzichten, also hätte die Leistung der frühen Motoren zu-

Die ersten Lokomotiven mit Verbrennungsmotoren waren Kleinlokomotiven für Gruben- und Feldbahnen oder leichte Rangieraufgaben. In dieser Tradition stehen bis heute die urigen Schweizer Rangiertraktoren Tm, die es sowohl in normal- als auch in schmalspuriger Ausführung gibt.

mindest für Kleinloks ausreichen müssen. Aber so einfach war es dennoch nicht. Das allergrößte Problem war die Kraftübertragung. Verbrennungsmotoren können generell nicht unter Last gestartet werden und sie arbeiten nur in einem bestimmten Drehzahlbereich. Erst die Lösung dieser Probleme hätte der Lokomotive mit Verbrennungsmotor zum Durchbruch verholfen. So blieb es bis in die 1920er-Jahre bei Versuchsloks und kleinen Gruben- oder Feldbahnlokomotiven mit geringer Leistung. Die Kraftübertragung erfolgte mittels mechanischer Getriebe, die in Kraftfahrzeugen bereits eingesetzt wurden oder mit Pressluft, die von einem vom Verbrennungsmotor angetriebenen Kompressor geliefert wurde. Man versuchte auch, den Dieselmotor direkt mit dem Radsatz zu verbinden. So entstand die bekannte Diesel-Klose-Sulzer-Lok, die im September 1913 ihre ersten Probefahrten unternahm. Zum Anfahren wurde die Lok mit Druckluft betrieben, und der eingebaute Zweitakt-Dieselmotor arbeitete in dieser Phase als Luftmotor. Bei einer Geschwindigkeit von ungefähr 10 km/h erreichte der Motor 30 Umdrehungen pro Minute. Das war die Mindestdrehzahl, bei der Kraftstoff eingespritzt werden konnte und der Motor arbeitete ab dann

Die siebenachsige dieselelektrische Lokomotive der Maschinenfabrik Esslingen für die Sowjetunion war ein erster Meilenstein auf dem Weg zur Großdiesellok.

Foto: Historisches Archiv der MAN AG, Augsburg

als Verbrennungsmotor. Die Lok war ein spektakulärer Fehlschlag, sie wurde nur wenige Jahre später verschrottet.

Die meisten Versuche, Verbrennungsmotoren im Schienenverkehr einzuführen, fanden bis zu diesem Zeitpunkt mit Motoren nach Ottos Prinzip statt. Ottomotoren waren leichter und hatten ein geringeres Einbaumaß. Beim damaligen Leistungsspektrum der Motoren bot sich zunächst der Einbau in Triebwagen an.

Der Ingenieur Carl Maybach entwickelte aber bereits 1919 eine Vision zur Verdieselung des Schienenverkehrs: »Einen Einbruch in den Dampfbetrieb kann man nur mit einem Fahrzeug erzielen, in dem auch in Bezug auf die Zubehör-Einrichtungen die Grundgedanken einer arteigenen Maschinenanlage verwirklicht sind, und allein aus wirtschaftlichen Gründen kann der Antriebsmotor hierfür nur ein Dieselmotor sein.«

Bei Maybach in Friedrichshafen steigerte man vor allem die Drehzahl und konnte so kleineren Motoren eine höhere Leistung abgewinnen. Ein wichtiger Schritt war der 1924 vorgestellte E.V.A.-Maybach-Triebwagen, für den die Konstrukteure bei Maybach die komplette Antriebsanlage entwickelten. Der Motor, dessen Gewicht mit Kompressor nur 1200 Kilogramm betrug, und sein mechanisches Getriebe fanden Platz in einem Antriebsdrehgestell. Das Konstruktionsprinzip war erfolgreich, und es entstanden in zahlreichen europäischen Ländern Dieseltriebwagen mit Antriebsanlagen nach dem System Maybach.

Ein wichtiger Schritt beim Bau von Großdiesellokomotiven wurde erst zehn Jahre nach der Klose-

Die mechanische Variante für die Sowjetunion war kein so großer Erfolg. Der MAN-Schiffsdiesel S6V 45/42 dominiert die Lok.

Foto: Historisches Archiv der MAN AG, Augsburg

Sulzer-Lok vollzogen. Die Sowjetunion bestellte drei Versuchslokomotiven, von denen zwei in den Jahren 1923 bis 1926 in Deutschland bei der Hohenzollern AG und der Maschinenfabrik Esslingen entstanden. Für beide Loks lieferte MAN langsamlaufende Viertakt-Motoren, die aus dem Schiffbau stammten. Die erste Lokomotive hatte einen dieselelektrischen Antrieb. Das zweite Modell setzte auf mechanische Leistungsübertragung. Während die dieselelektrische Variante überzeugte, konnte die mechanische nicht in gleichem Maß zufrieden stellen. Die dritte Lok war die Kitson-Still-Lok, die in Großbritannien gebaut wurde, und ein echter Zwitter aus Diesel- und Dampflokomotive war.

Diese drei Maschinen waren die Initialzündung für den Bau der ersten Großlokomotive der Deutschen Reichsbahn-Gesellschaft (DRG). In dieser Lok, der V3201, wurde der pneumatische Antrieb getestet. 1929 unternahm sie ihre Abnahmefahrt. Ein 1200-PS-MAN-Motor, der auch in den russischen Modellen zum Einsatz kam, trieb einen Kompressor an. Das Fahrwerk der V 32 glich eher einer Dampflok. Die verdichtete Luft vom Kompressor strömte in Zylinder und trieb über Treibstangen drei Radsätze an. Die Erfahrungen mit der Lok waren nur mäßig. Eine Weiterentwicklung wurde verworfen.

Im später wichtigsten Diesellokland der Welt, den USA, stellte die American Locomotive Company (ALCo) 1924 die erste dieselelektrische Maschine (Bo'Bo') vor, die bereits alle Grundprinzipien der späteren Modelle in sich barg. Lieferant der elektrischen Ausrüstung war die General Electric

Company, die bis heute eine führende Position im Lokbau hält.
Während bei Großdieselloks noch keine überzeugende Lösung gefunden war, begann der Dieselmotor im Triebwageneinsatz bereits einen ersten Siegeszug. Die legendären SVT-Triebwagen wie der »Fliegende Hamburger« mit Maybach-Motoren, dieselelektrischer Leistungsübertragung und ihren für damalige Verhältnisse sensationellen Fahrzeiten waren der Stolz der DRG. Und auch bei den Kleinlokomotiven überwiegend mit mechanischer Leistungsübertragung kam es in Deutschland Anfang der 1930er-Jahre zu einem Entwicklungsschub.
Die erste leistungsfähige deutsche Großdiesellok wurde 1935 präsentiert: V 140 001. Ihre Konstruktion bedeutete wirklich eine technische Revolution, wandte sie doch erstmals die dieselhydraulische Kraftübertragung in einem bis dahin nicht erreichten Leistungsbereich an. Sie wurde auch nach dem Krieg noch von der Deutschen Bundesbahn eingesetzt und steht heute als Exponat im Deutschen Museum in München. Zu etwa der gleichen Zeit stellte General Motors EMD auf der anderen Seite des Atlantiks die erste Lok der legendären E-Serie vor. Kurze Zeit später folgte die F-Serie.
Während des Zweiten Weltkriegs ließ die Wehrmacht mehrere Baureihen entwickeln, unter denen vor allem die dreiachsige WR 360 C 14, die nach dem Krieg als V 36 bekannt wurde, eine beeindruckende Stückzahl erreichte und die noch einige Jahrzehnte bei DB und DR im Einsatz stand.
Nach dem Zweiten Weltkrieg begann der eigentliche Siegeszug der Selbstzünder-Lokomotiven.

Der Drehmomentwandler der V 140 001 der DRG aus dem Jahr 1935. Von links nach rechts: Wandlergehäuse, Turbinen-, Pumpen- und Leitrad. Mit diesem Getriebe gelang der Durchbruch für hydrodynamische Getriebe im Großlokomotiveinsatz. Foto: Voith

Der Motor der V 140 001 war der W8V 30/38 aus dem Hause MAN, der mit Abgasturboaufladung 1030 KW leistete. Die Zylinder sind – auf dem Foto gut sichtbar – in Reihe angeordnet. Rechts oben erkennt man die Ladergruppe. Foto: Historisches Archiv der MAN AG, Augsburg

Mittlerweile war die Technologie ausgereift, die Motoren und die Leistungsübertragung hatten die Ingenieure im Griff. In beiden deutschen Staaten legten die Bahnverwaltungen Typenprogramme auf, die verschiedene Modelle für die unterschiedlichsten Einsatzbereiche vorsahen. Von der Rangierlokomotive bis zur leistungsstarken Streckenlokomotive für Schnellzüge sollte das gesamte Zugspektrum abgedeckt werden. Die deutschen Lokfabriken erhielten fast alle Großaufträge und produzierten zwischen Mitte der 1950er- bis etwa Mitte der 1970er-Jahre tausende Lokomotiven, bis der Bedarf befriedigt war.

Neue Technologien zogen in den Diesellokomotivbau ein. Im Motorenbereich ging die Entwicklung zu hochaufgeladenen, leichteren und schnelllaufenden Dieselaggregaten. Im Fahrzeugbau waren die wichtigsten Fortschritte der Leichtbau und das Konzept der laufachslosen Drehgestellloks.

In Großbritannien erfolgte ebenso eine starke Verdieselung und zahlreiche markante oft sechsachsige dieselelektrische Loks tauchten auf britischen Gleisen auf. In Skandinavien erschienen 1954 die ersten Nohab-Loks, die nach EMD-Lizenzen gebaut wurden und teilweise bis heute im Einsatz stehen. Längst haben sie Kultstatus erreicht. Frankreich glänzte in den 1960er-Jahren unter anderem mit den eleganten und leistungsfähigen Baureihen CC 72000 und CC 68000.

Zu ihrem 100-jährigen Bestehen ließ sich die ruhmreiche amerikanische Bahngesellschaft Union Pacific 1969 bei General Motors die bis heute größte Einrahmen-Diesellokomotive der Welt bauen. Die DD40 »Centennial« war ein 30 Meter langes, fast 250 Tonnen schweres achtachsiges Monster mit zwei Motoren und

Zwar hatte die DDR bereits in den 1950er-Jahren ein eigenes Typenprogramm für Diesellokomotiven mit hydraulischer Kraftübertragung aufgelegt, doch beschaffte man später für die DR zahlreiche dieselelektrische Großlokomotiven aus sowjetischer Produktion. Die »Ludmilla« 132 092 durchstreift im Jahr 1988 das Vogtland bei Ruppertsgrün kurz vor Plauen. Foto: Rainer Albrecht

einer Gesamtleistung von knapp 5000 kW.

Die aktuelle Entwicklung setzt bei dieselelektrischen Lokomotiven auf die Drehstromantriebstechnik. Bei Herstellern wie Bombardier oder Siemens werden Diesellokomotiven heutzutage in Produktfamilien mit E-Loks eingereiht und haben auch zahlreiche gleiche Bauteile mit den E-Schwestern, das senkt die Kosten bei der Anschaffung und auch im Unterhalt. Auch die dieselhydraulische Antriebstechnik hat sich weiterentwickelt, vor allem die Getriebeeingangsleistungen konnten nochmals erheblich gesteigert werden.

Das amerikanische EMD-Design ist bei den Nohab-Lokomotiven unverkennbar.

Die eleganten CC 72000 der französischen SNCF haben so genannte Monomoteur-Drehgestelle, das heißt ein größerer Elektromotor treibt die drei Achsen des Drehgestells an. CC 72037 wartet im Frühjahr 1991 im Pariser Gare de l`Est auf die nächsten Aufgaben.

Foto: Axel Kiebler

1.3 Klassifizierung der Diesellokomotiven

1.3.1 Die Achsfolge

Für alle Lokomotiven ist die Achsfolge ein entscheidendes Kennzeichen. Sie ist im Gegensatz zur Baureihenbezeichnung der Hersteller oder Bahnverwaltungen unverwechselbar. Die Vielfalt der Achsanordnungen ist bei Dieselloks jedoch geringer als bei Dampf- und E-Loks und beschränkt sich hauptsächlich auf Drehgestelllokomotiven mit vier bis sechs sowie Rangierloks mit zwei bis vier im Lokrahmen gelagerten Achsen.

Die Bestimmung der Achsfolgen geschieht folgendermaßen:

Arabische Ziffern machen eine Aussage über vorhandene, nicht angetriebene Laufachsen:

1 eine im Hauptrahmen gelagerte Laufachse

2 zwei unmittelbar im Hauptrahmen gelagerte aufeinanderfolgende Laufachsen

Die häufigste Achsfolge bei Dieselloks ist B'B', so auch bei der V 100 der DR. Zu dieser populären Baureihe gehört auch 114 592, die im Sommer 1983 gerade Watzdorf passiert.

Foto: Rainer Albrecht

Großbuchstaben bezeichnen angetriebene Achsen, ein kleines »o« weist auf einen Einzelachsantrieb hin.

- A eine im Hauptrahmen gelagerte angetriebene Achse
- B zwei im Hauptrahmen gelagerte, miteinander gekuppelte angetriebene Achsen
- Bo zwei im Hauptrahmen gelagerte, nicht miteinander gekuppelte angetriebene Achsen
- B B vier angetriebene Achsen sind im Hauptrahmen gelagert, jeweils zwei von ihnen sind miteinander gekuppelt.

Die V140 der Deutschen Reichsbahn Gesellschaft – ein Markstein für die deutsche Diesellokentwick-

Drei miteinander gekuppelte im Hauptrahmen gelagerte Achsen bedeuten die Achsfolge C. Diese findet man bei der wichtigsten Diesel-Rangierlokomotive der DB: die V 60.
Foto: Sammlung Jochen Frickel

lung aus dem Jahr 1935 – hatte die Achsfolge 1′C1′, das bedeutet zwischen zwei Laufachsen waren drei angetriebene Achsen angeordnet. Bei Drehgestelllokomotiven sind zusätzliche Angaben erforderlich, die die Aussagekraft erhöhen. Es werden die einzelnen, im Hauptrahmen gelagerten, angetriebenen oder nicht angetriebenen Achsen betrachtet und mit einem Beistrich gekennzeichnet

1′	eine Laufachse, die nicht im Hauptrahmen läuft
2′	zwei Laufachsen, die nicht im Hauptrahmen laufen
B′	zwei miteinander gekuppelte, angetriebene Achsen, die in einem gemeinsamen Drehgestell laufen
Bo′	zwei einzeln angetriebene Achsen, die in einem gemeinsamen Drehgestell laufen
B′B′	je zwei miteinander gekuppelte Treibachsen, die in zwei verschiedenen Drehgestellen laufen
(A 1 A)	ein Triebdrehgestell, in dem eine antriebslose zwischen zwei angetriebenen Achsen läuft.

1.3.2 Am Anfang steht das »V«

Die Achsfolge ist ein unverwechselbares Kriterium, aber gerade bei modernen Drehgestell-Dieselloks nicht ausreichend aussagefähig. Deshalb haben Bahngesellschaften ihren Fahrzeugen

Ein Einzelstück blieb die V 32 01 der DRG. Die Nähe der Konstruktion zu den Baumerkmalen einer Dampflok ist nicht zu übersehen.

Foto: Historisches Archiv MAN AG, Augsburg

noch unverwechselbare Baureihenbezeichnungen gegeben.

Als die Deutsche Reichsbahn Gesellschaft (DRG) in den 1930er-Jahren ihren neuen Brennkraftfahrzeugen Baureihenbezeichnungen geben musste, entstand zunächst ein wenig ausgereiftes Schema. Wichtigstes Merkmal war ein großes V als Abkürzung für den Begriff »Verbrennung«, das die neue Traktionsart markierte. Dem V folgte eine vier- bis fünfstellige Ordnungsnummer, deren ersten beiden Ziffern die Baureihe bezeichneten. Die weiteren Stellen dienten der fortlaufenden Nummerierung, Beispiel: V 32 01.

Zusätzlich klassifizierte man über so genannte Gattungszeichen, die Informationen über Kuppelachsen und die Achslast geben, die Lok genauer. Analog zu den Dampflokomotiven stand auch bei Dieselloks das S für Schnellzug-, P für Personenzug- und G für Güterzuglokomotiven. Die genauere Bezeichnung für die V 32 01 wäre P 37.18, wobei die 3 für drei angetriebene Achsen, die 7 für die Gesamtachszahl und 18 für die Achslast von 18 Tonnen stand.

Kurze Zeit darauf entschied sich die DRG für ein neues spezifischeres Baureihenschema, das schnelle Aufklärung über den Lokomotivtyp bot. Das große V blieb in Analogie zum großen E der E-Loks bestehen, die eigentliche Baureihennummer gab etwa den zehnten Teil der Motorleistung in PS an. Die Baureihenziffer war deshalb zwei- oder dreistellig. Mit einem kleinen Abstand folgte die Ordnungsnummer.

Später wurde aus V 100 2338 die Lok 213 338. Die Steilstrecken-V-100 hatte keinen Hilfsdieselmotor und musste zum Vorwärmen, Warmhalten und Laden stattdessen mit Fremdstrom versorgt werden.
Foto: Jochen Frickel

Die 32 01 mit ihrem 1200-PS-Motor wurde danach zur V 120 001, und V 140 001 stellte die DRG 1935 bereits mit der Nummerierung des neuen Bezeichnungsschemas vor.
Nach dem Zweiten Weltkrieg übernahmen die DB und die DR dieses von der DRG eingeführte System. Die vielen neuen Dieselloktypen, die ab den frühen 1950er-Jahren in beiden Teilen Deutschlands gebaut wurden, erforderten jedoch Erweiterungen, die bei beiden Bahngesellschaften ähnlich waren.
In der Ordnungsnummer wurden nun Angaben über Unterbaureihen aufgenommen, die sich deutlich in der Motorleistung oder im Aufbau unterschieden. So lautete bei der DB die Bezeichnung der Steilstrecken-V-100: $V100^{23}$ und die zehn gebauten Maschinen hatten die Nummern V 100 2332 bis V 100 2341.

Für Schmalspurlokomotiven wurden Ordnungsnummern ab 900 vergeben:
Beispiel: V 51 901.

1.3.3 Der Computer verlangt sein Recht

Die in den 1960er-Jahren aufkommende elektronische Datenverarbeitung (EDV) machte auch vor den Bahngesellschaften nicht Halt und beide Eisenbahnverwaltungen, DB und DR, mussten ihre Baureihenbezeichnungen computertauglich machen. Alle Loks erhielten eine sechsstellige Loknummer, die sich aus zwei dreistelligen Gruppen zusammensetzte und eine mit einem Bindestrich abgesetzte Kontrollziffer.
Auf das V verzichtete man künftig. Die Traktionsart steckte ab sofort in der ersten Ziffer der

Loknummer. Bei der DB stand die »2« und bei der DR die »1« für Dieselloks. Kleinloks, für deren Bedienung keine vollständige Lokführer-Ausbildung notwendig war, bekamen bei der DB die 3 als charakterisierende Nummer. Die ersten drei Ziffern gaben insgesamt die neue Baureihe an. Die zweite Dreiergruppe diente wieder als Ordnungsnummer. Auch die Leistungsangabe blieb noch ungefähr erhalten. Die zweite und dritte Stelle entsprachen nun der ungefähren PS-Leistung, allerdings nicht mehr unbedingt einem Zehntel: aus V 80 001 wurde 280 001, aber V 160 001 erhielt die Nummer 216 001, womit die Zahl 16 einem Hundertstel ihrer Leistung entsprach. Unterbaureihen wurden wieder mit der ersten Ziffer in der dreistelligen Ordnungsnummer gekennzeichnet.

Die Kontrollziffer war vollkommen neu und wurde folgendermaßen festgelegt:

V 200 133 wird seit 1968 als 221 133 bezeichnet:	221 133
Unter die Fahrzeugnummer wird eine Hilfsziffer geschrieben	121 212
Man multipliziere die untereinander stehenden Zahlen	241 236
Bilden der Quersumme (2+4+1+2+3+6)	18
Die nächsthöhere Zehnerzahl zu 18 ist 20, 20-18	2

Der Computer sorgt für einen Wandel: Aus der V160 195 wurde 1968 die 216 195.

Foto: Dieter Kempf

Die Einführung der neuen EDV-Nummern begann bei der Deutschen Bundesbahn im Jahr 1968. Die DR begann im Jahr 1970 mit der EDV-gerechten Umzeichnung ihres Lokparks.

1.3.4 Alles neu nach der Wende

Als im Herbst 1989 der Eiserne Vorhang fiel, stand rund vier Jahre später auch der Zusammenschluss der beiden deutschen Staatsbahnen zur neuen Deutschen Bahn AG an. Bereits zwei Jahre vor der Gründung der AG im Jahr 1994 wurden 1992 die Baureihensysteme für das zukünftige Unternehmen adaptiert.
Basis war das DB-Nummernschema, die ehemaligen DR-Dieselloks erhielten nun eine 2 als kennzeichnende erste Loknummer. Viele DR-Loks benötigten völlig neue Baureihenbezeichnungen, da zahlreiche Ziffern bereits durch DB-Fahrzeuge belegt waren oder weil sie bei dieser Gelegenheit den Kleinlokomotiven zugeordnet wurden;
Beispiele:
BR 120 (DR) → BR 220 (DB AG; die 220 war wieder frei geworden, da die DB diese Baureihe – unter Eisenbahnfreunden besser bekant als »V 200« – bereits 1984 ausgemustert hatte)
BR 114 (DR) → BR 204 (DB AG)
BR 106 (DR) → BR 346 (DB AG).

Aus der DR-Baureihe V 60 wurde mit Einführung der EDV-Nummern die Reihe 106. Nach der Wende erhielten die vierachsigen Stangenloks die Baureihennummer 346 und gehörten damit zu den Kleinlokomotiven. Doch soweit war es noch nicht, als dieses Foto entstand: 106 248 rangiert im Frühjahr 1990 einen Personenzug in Probstzella. Foto: Rainer Albrecht

1.3.5 Kö, Köf & Co

Die ersten in großer Anzahl produzierten Diesellokomotiven waren Kleinloks für leichte Rangieraufgaben vor allem an kleineren Bahnhöfen. Für diese Fahrzeuge, die in Hunderten von Exemplaren gebaut wurden, führte schon die DRG ein eigenes Bezeichnungsschema ein, unter dem sie viele Eisenbahnfreunde heute noch kennen. Alle Typen erhielten ein großes »K« (Kleinlokomotive) vorangestellt. Zusätzliche Kleinbuchstaben bezeichneten die Art des Antriebs:

Kb (b = Benzin):
Ottomotor mechanisches Getriebe

Kö (ö = Öl):
Dieselmotor, mechanisches Getriebe

Köe (e = elektrisch):
Dieselmotor, DE-Leistungsübertragung

Kbe: Ottomotor, DE-Leistungsübertragung

Kbf (f = Flüssigkeitsgetriebe):
Ottomotor, hydrodynamische Leistungsübertragung

Köf: Dieselmotor, hydrodynamische Leistungsübertragung.

Die DB und die DR teilten die Kleinlokomotiven in zwei Leistungsklassen ein und bezeichneten die Maschinen als Kö I und Kö II. Die DB entwickelte später noch die stärkere Kö III. Während die DB die Kleinloks nach EDV-Adaption mit einer »3« versah, erhielten sie bei DR regulär eine »1«.

Veteranen unter sich: Im Eisenbahnmuseum Darmstadt-Kranichstein rangiert eine Köf II die betagte V 36 411.

Foto: Jochen Frickel

Diese Köf III mutierte im Lauf der Jahre über die Baureihe 333 zur 335 mit Funkfernsteuerung.

1.3.6 Die Privaten

Privat- und Industrielokomotiven werden in Deutschland häufig durch Achsfolge und Motorleistung charakterisiert. Aber die Hersteller haben ihre Bezeichnungen im Laufe weniger Jahre mitunter häufig geändert. Der Kieler Lokhersteller MaK klassifizierte seine Maschinen der ersten Generation mit der Leistung in PS und der Achszahl in Großbuchstaben, Beispiel: 650 D entspricht 650 PS Motorleistung und vier Achsen. Die zweite Generation erhielt ein großes G vorangestellt, danach folgten die Motorleistung und Achszahl beziehungsweise Drehgestellfolge. Beispiel: G 1100 BB, entspricht einer Güterzuglok mit 1100 PS und zwei zweiachsigen Drehgestellen. Die dritte Generation aus Kiel kennzeichnete, dass neue dieselelektrische Typen das Kürzel DE vorangestellt bekamen, die ungefähre Motorleistung korrekterweise in kW angegeben wurde und Weiterentwicklungen und Modifikationen eine steigende letzte Kennziffer erhielten. Beispiel: G 1204 BB, eine Weiterentwicklung der G 1202 BB und ungefähr 1200 kW Leistung. Die vierte Generation erhielt nun das Firmenkürzel voran gestellt, Varianten werden mit einem Bindestrich und Ziffer klassifiziert: Beispiel MaK 1700-1 BB.

Mit diesem Prospekt warb die MaK für Ihren Loktyp DE 1002.

Abbildung: Sammlung Jochen Frickel

Die Bezeichnungen von Diesellokomotiven sind beliebig variabel, aber häufig kommen die Abkürzungen DE (dieselelektrisch) oder DH (dieselhydraulisch) in der Lokbeschreibung vor. Großbuchstaben geben meist die Achsen an oder bezeichnen den Einsatzzweck. Die drei- bis vierstelligen Ziffern machen häufig eine Aussage über die installierte Motorleistung. So kann man sich meist grob orientieren.

1.3.7 Andere Länder, andere Sitten

Jedes Land hat sein eigenes Bezeichnungsschema und die sind so unterschiedlich, dass man keine wirkliche Verallgemeinerung finden kann. In Österreich besitzen Dieselloks auch eine »2« als erste Ziffer, aber die Baureihenbezeichnung ist insgesamt siebenstellig.

Die Schweiz ist arm an Dieselloks, sie werden zum Teil für Rangieraufgaben eingesetzt und vor allem im Bauzugdienst. Man erkennt sie in der typischen Schweizer Baureihenbezeichnung am »m« für Triebfahrzeuge mit Benzin- oder Dieselmotor. Die einige Zeit in der Schweiz eingesetzten ehemaligen V 200 der DB hießen dort Am 4/4,

Im Fall einer Fahrleitungsstörung sind Diesellokomotiven bis heute unverzichtbar. Auch die meterspurige Montreux-Oberland-Bernois-Bahn (MOB) beschaffte deshalb 1976 und 1982 zwei moderne Diesel-Fahrzeuge Gm 4/4 mit einer Leistung von 515 kW.

wobei das A für Loks mit einer Höchstgeschwindigkeit von mehr als 80 km/h steht und 4/4 bedeutet, dass alle vier Achsen angetrieben sind. F7, Dash-9, PA, GP 38 – die Eingeweihten wissen wo wir uns befinden, und die kryptischen Kürzel sind für US-Fans Musik in den Ohren: Sie bezeichnen bekannte Dielselloktypen. Im wichtigsten Diesellokland der Welt, den Vereinigten Staaten, gibt es neben systematischen Bezeichnungen, viele Loks, die noch mit Übernamen oder Kürzeln bezeichnet werden. Ein wenig Systematik steckt auch in den Kürzeln. Die F7 waren ursprünglich Güterzugloks, deshalb steht auch das »F« für Freight. GP heißt »General Purpose«, und das kann man mit »vielseitig verwendbar« übersetzen. Loks, denen ein Sw für »Switcher« voran steht sind Rangierloks. RS steht für Roadswitcher, eine Rangierlok, die man auch im Streckendienst einsetzen kann. SD setzt General Electric vor seine sechsachsigen Maschinen und DD vor seine achtachsigen. Dash-9, übersetzt »Bindestrich 9«, sind moderne Loks des General-Electric-Konzerns.

1.3.8 Triebwagen

Dieseltriebwagen unterscheiden sich nicht wesentlich von Lokomotiven. Auch sie benötigen einen Motor, eine Kraftübertragungsanlage und die erforderlichen Nebeneinrichtungen. Dennoch gibt es betriebliche und wirtschaftliche Gründe, die einige Konstruktionsunterschiede erfordern.
Der wirtschaftliche Betrieb von Dieseltriebwagen macht es nötig, möglichst viel zur Verfügung stehenden Fahrzeugraum für die Fahrgastbeförderung zu nutzen. Lediglich bei größeren und schnellen Triebzügen des Fernverkehrs wie dem VT 11.5 oder dem spanischen Talgo kommen reine Maschinenwagen zum Einsatz, die im Grunde nichts anderes als Dieselloks sind. Bei diesen Zügen können die erforderlichen großen Maschinenanlagen nicht mehr unterflur eingebaut werden. Beim Diesel-Neigetechnik-ICE BR 605 der DB AG haben es die Ingenieure trotzdem geschafft, sämtliche Anlagen des dieselelektrischen Antriebs unter dem Boden des gesamten Zuges unterzubringen. Der Kompromiss, den man dafür einging, war nicht eine einzige Antriebsanlage zu verwenden, sondern insgesamt vier kleinere Cummins-Dieselmotoren einzubauen.
Gerade bei Nahverkehrstriebwagen ist man dennoch bestrebt, alle wichtigen Bauteile unter dem Wagenboden anzuordnen, um den Lokkasten möglichst vollständig als Fahrgastraum nutzen zu können.
Bei Triebwagen ist die Zugkraft nicht das wesentliche Anforderungskriterium. Sie sind meist für eine große Höchstgeschwindigkeit und hohes Beschleunigungsvermögen ausgelegt. Das hat auch Konsequenzen für die Motor- und Getriebewahl. In modernen Triebwagen werden häufig kompakte Powerpacks eingesetzt, die die gesamte Antriebsanlage mit Motor und Getriebe bilden und als komplette Einheit vergleichsweise einfach und schnell auszutauschen sind. Bis heute kommen bei kleineren Triebwagen auch noch mechanische Getriebe oder Kombinationen aus mechanischen und hydrodynamischen Getrieben zum Einsatz, die auch in Straßen-Omnibussen eingebaut werden.

Eine 605-Doppeleinheit passiert am 5. März 2002 mit hoher Geschwindigkeit den kleinen Bahnhof Türkheim.

Der neueste dieselhydraulische Talgo-XXI-Triebkopf wurde von Krauss-Maffei entwickelt und gebaut. Bei einer Motorleistung von 1500 kW erreicht er eine Höchstgeschwindigkeit bis zu 220 km/h.

Foto: Krauss-Maffei

Die Regioshuttle-Triebwagen verwenden das Voith-Diwa-Getriebe, bei dem es sich um eine Kombination aus mechanischem Getriebe mit hydrodynamischem Anfahrwandler handelt.

2. Ein paar physikalische Grundlagen

Auch für die Konstruktion des dieselhydraulischen Antriebs von 118 662, die im Sommer 1983 an der Burg Greifenstein vorbeifährt, waren genaue Kenntnisse der physikalischen Grundlagen vonnöten. Foto: Rainer Albrecht

Zum Verständnis des Dieselmotors beziehungsweise einer Wärmekraftmaschine sind ein paar physikalische Überlegungen unumgänglich. Das Fachgebiet der Physik, das sich mit den theoretischen Grundlagen der Wärmekraftmaschinen befasst, ist die Thermodynamik.

Weitere entscheidende Bauteile sind vor allem bei Lokomotiven mit dieselelektrischer Leistungsübertragung elektrische Generatoren und Motoren, aber auch alle anderen Loks verfügen über elektrische Maschinen entweder als Anlasslichtmaschinen für die Bordnetzversorgung oder die elektrische Zugheizung.

Als letztes Gebiet werden in diesem Kapitel die wichtigsten Phänomene und Grundlagen der Pumpen und Turbinen kurz erläutert. Deren Verständnis ist wichtig für die Bauteile hydrodynamisches Getriebe, Abgasturbolader und Lüfter.

2.1 Kraft, Arbeit, Leistung und Drehmoment

Der Volksmund neigt dazu, die Ausdrücke Masse, Kraft, Arbeit, Leistung und Drehmoment frei zu verwenden. Man spricht von Energie, wenn man, physikalisch gesehen, eine Kraft meint und Leistung wird ebenfalls oft mit Kraft verwechselt. Der Physiker unterscheidet genau zwischen diesen

Große Zugkraft entwickeln die von Henschel 1972 für China gebauten sechsachsigen NY7-Loks. Sie haben 5400 PS und wiegen 138 Tonnen. Foto: Voith

Begriffen, da jeder eine ganz spezifische Aussage enthält. Deshalb soll noch einmal kurz an die physikalische Bedeutung der Begriffe erinnert und eine kurze Definition geliefert werden.

2.1.1 Kraft

Isaac Newtons Verdienst war es, die Begriffe Trägheit und Kraft zu analysieren und genau zu definieren. Er erkannte, dass ein Körper bestrebt ist, in seinem aktuellen Zustand zu verharren. Konkret heißt das: Ein ruhender Körper wird sich nicht von selbst bewegen und ein gleichförmig bewegter Körper beharrt in seiner Bewegung, wenn man äußere Einflüsse vernachlässigt. Dies ist der Inhalt von Newtons erstem Gesetz. Er dachte aber weiter und postulierte, dass Kräfte für die Bewegungsänderung eines Körpers verantwortlich sind.

Wird ein Gegenstand aus seinem aktuellen Zustand abgelenkt, erfährt er eine Beschleunigung. Diese Beschleunigung kann positiv oder negativ sein. Eine positive Beschleunigung führt zu einer Geschwindigkeitserhöhung und eine negative zu einer Geschwindigkeitsreduzierung (Bremsen). Aber es ist nicht nur der Wert der Beschleunigung, der über die Stärke einer Kraft entscheidet. Auch die Masse des beschleunigten Körpers ist entscheidend: Eine Bowlingkugel hat eine grö-

Wahre Arbeitstiere sind bis heute die inzwischen auch schon in die Jahre gekommenen Loks der Baureihe 218. Eine besondere Aufgabe erhielt 218 418, die im Juli 2000 morgens in Kempten wartet: Sie durfte den Touristik-Zug der DB AG ziehen und erhielt als einzige Lok ihrer Baureihe dieses besondere Farbkleid. Foto: Axel Kiebler

ßere Kraft, wenn sie auf dem Boden aufschlägt, als eine gleich große Styroporkugel.
Zusammengefasst heißt das:

$F = m \cdot a$ Kraft [F] = Masse [kg] · Beschleunigung [$m \cdot s^{-2}$] = N (Newton)

Die Einheit der Kraft ist das Newton.
Bei Lokomotiven ist vor allem die Zugkraft von Interesse. Die Zugkraft ist jene Kraft, die nötig ist, den Zug in Bewegung zu versetzen. Ihr entgegen wirken sämtliche Widerstandskräfte: Die Reibungskraft Rad/Schiene, die Kraft des Luftwiderstands, Reibung in Lagern oder Widerstände des Fahrbahnverlaufs.

2.1.2 Arbeit

Wer arbeitet, braucht Kraft. Ist das wirklich so? Wie hängen Arbeit und Kraft zusammen?
Arbeit ist wegabhängig. Wenn man sich mit aller Kraft gegen eine massive Wand drückt, die nicht einen Millimeter nachgibt, gerät man zwar ins Schwitzen, aber der Physiker würde behaupten, man hätte keine Arbeit geleistet. Wer allerdings auf dem Fahrrad fünf Kilometer Strecke zurücklegt, verrichtet Arbeit.

$W = F \cdot s$ Arbeit [W] = Kraft [N] · Weg [m] = [Nm] = [J]

Die Einheit der Arbeit ist das Joule.

Die Motorleistung des MAN V6V 23/23 TL beträgt 2500 PS. Er kam in Lokomotiven der V 160-Familie zum Einsatz.

Foto: Historisches Archiv der MAN AG, Augsburg

2.1.3 Leistung

Die Leistung ist ein Begriff, der in engem Zusammenhang mit der Arbeit steht. Die Leistung ist die zeitabhängige Arbeit. Sie beschreibt, in welcher Zeit die Arbeit erbracht wird. Die fünf Kilometer auf dem Fahrrad kann man in einer Viertelstunde zurücklegen oder in einer halben Stunde. Die Arbeit ist dieselbe, aber die Leistung ist unterschiedlich. Der schnellere Radfahrer erbringt die doppelte Leistung.

$P = W \cdot t^{-1}$ Leistung [P] = Arbeit [W] · Zeit^{-1} [s^{-1}] = [Nms^{-1}] = [W]

Die Einheit der Leistung ist das Watt.

2.1.4 Energie

Der Physiker versteht unter dem Begriff Energie die Arbeitsfähigkeit eines Systems. Deshalb haben Arbeit und Energie auch dieselbe Einheit. Einfaches und einleuchtends Beispiel ist die so genannte potenzielle Energie oder Lageenergie. Wir heben die Bowlingkugel vom Boden auf und legen sie auf einen Tisch, dafür musste man Arbeit aufbringen. Diese Arbeit ist nun in der Kugel als potenzielle Energie gespeichert. Rollt sie vom Tisch wird die Energie frei und die Kugel leistet Arbeit.

2.1.5 Drehmoment

Das Drehmoment spielt bei der Betrachtung von Diesellokomotiven und -motoren eine entscheidende Rolle. Bei einer gewissen Drehzahl entwickelt ein Motor ein bestimmtes Drehmoment.

Das Drehmoment beschreibt die Wirkung der Kraft in Abhängigkeit von der Entfernung vom Drehpunkt. Ein einfaches Beispiel für das Drehmoment ist die Kinderwippe. Ein schwerer Körper nahe des Drehpunkts kann von einem leichteren in der Balance gehalten werden, wenn dieser weiter außen sitzt. Im Gleichgewicht wirkt an beiden Punkten dasselbe Drehmoment. Das Drehmoment ist abhängig von der wirkenden Kraft und vom senkrechten Abstand vom Drehpunkt:

$\boldsymbol{T} = \boldsymbol{F} \cdot \boldsymbol{r}$ Drehmoment [T]= Kraft · senkrechter Abstand von der Drehachse [m] = [Nm]

Drehmoment und Arbeit haben zwar die gleiche Dimension Nm, dürfen aber nicht gleichgesetzt werden. Die Arbeit ist eine so genannte skalare Größe, während das Drehmoment eine vektorielle Größe und deshalb gerichtet ist.

Beim Dieselmotor entsteht das Motordrehmoment an der Kurbelwelle. Durch die permanente Drehung ändert sich das Drehmoment ständig. Im oberen und unteren Totpunkt, wenn das Pleuel senkrecht steht, ist das Drehmoment am geringsten. Das größte Drehmoment wirkt, wenn Pleuel und Kurbelradius senkrecht aufeinander stehen.

2.2 Überlegungen zur Mechanik und Dynamik der Gase und über die Wärme

Was ist ein Gas? Bei Raumtemperatur und Normaldruck bilden Gase, im Gegensatz zu Festkörpern und Flüssigkeiten, keine Strukturen, sondern sie bewegen sich in einem abgeschlossenen Volumen relativ frei. Das Phänomen ist als die so genannte Brown'sche Molekularbewegung bekannt. Diese Bewegung ist völlig ungeordnet, dabei stoßen die Moleküle auch aneinander und prallen voneinander wieder ab. Die Wechselwirkungen der Gasteilchen untereinander sind gering. Ein Gas, das in ein Volumen einströmt, versucht dieses möglichst gleichmäßig auszufüllen, das heißt, es verteilt sich, bis in allen Raumteilen eine gleich große Dichte herrscht.

Es kommt nicht nur auf das Drehmoment des Motors an. Im Winter müssen Lokomotive auch extremen Witterungsbedingungen standhalten wie diese 218, die im Februar 2004 gerade eine Fahrt als Spurlok absolviert hat. Foto: Axel Kiebler

2.2.1 Der Druck

Schließt man ein Gas in einem Volumen ein und übt etwa mit einem Stempel Druck aus, so gibt das Gas diesen Druck in alle Richtungen gleichmäßig weiter. Die ausgeübte Kraft wirkt dabei senkrecht zur Begrenzungsfläche. Dies entspricht der physikalischen Definition des Drucks:

p (Druck) = F (Kraft) · A^{-1} (Fläche)

2.2.2 Die Kompressibilität

Im Gegensatz zu Flüssigkeiten können Gase komprimiert werden, und die nächste Etappe zum Verständnis des Verhaltens von Gasen ist das Gesetz von Boyle und Mariotte, das bereits Ende des 17. Jahrhunderts postuliert wurde. Steigert man den Druck auf ein Gas um das Doppelte, reduziert sich das Volumen auf die Hälfte. Verdreifacht man den Druck, geht das Volumen auf ein Drittel zurück. Das Produkt aus Druck und Volumen ist konstant.

p · V = konst. (bei konstanter Temperatur T)

Aufgrund dieser Tatsache kann man in Stahlflaschen größere Mengen Gase unter hohem Druck in einem kleinen Volumen einsperren.

Krauss-Maffei baute die M 1200 BB für die Eisenbahn und Häfen (EH).
Foto: Krauss-Maffei

2.2.3 Die ideale Gasgleichung

Betrachtet man nun das Boyle-Mariotte´sche-Gesetz bei unterschiedlichen Temperaturen, so stellt man fest, dass sich das Produkt $p \cdot V$ proportional zur Temperatur verhält. Diesen Zusammenhang hat der Franzose Joseph Louis Gay-Lussac im frühen 19. Jahrhundert als erster formuliert:

$$p \cdot V \cdot T^{-1} = \text{konstant}$$

Das führt zur idealen Gasgleichung:

$$p \cdot V = n \cdot R \cdot T \quad (R = \text{Gaskonstante } 8{,}31\ \text{Jmol}^{-1}\text{K}^{-1})$$

Mit Hilfe der idealen Gasgleichung kann man nun ermitteln, wie sich Veränderungen des Drucks, des Volumens oder der Temperatur aufeinander auswirken. Ändert man einen Parameter auf einer der beiden Gleichungsseiten, zeigt diese Gleichung, wie das System reagieren kann.

2.2.4 Die Wärme

Was in unserem Alltag ein geradezu trivialer Ausdruck ist, macht dem Physiker einiges Kopfzerbrechen. Um einen Körper von einer Temperatur auf eine höhere aufzuwärmen, muss man ihm eine bestimmte Wärmemenge zuführen. Umgekehrt gibt ein Körper, der sich abkühlt, eine gewisse Wärmemenge ab. Diese Wärmemenge ist proportional zur Temperaturänderung und vom Material abhängig:

Δ Q (Wärmemengenänderung) = c (spezifische Wärmekapazität Materialkonstante) · m (Masse) · Δ T (Temperaturänderung).

Wärme ist eine Energieform und wurde früher in der Einheit Kalorien gemessen. Heute verwendet man das Joule: 1 Kalorie (cal) = 4,1868 Joule (J).

Wenn Wärme eine Energieform ist, dann gibt es auch ein mechanisches Wärmeäquivalent. Das bedeutet, dass mechanische Arbeit proportional in Wärme umgewandelt werden kann. Ein bekanntes Beispiel ist die Reibung, die stets Wärme erzeugt.

2.2.5 Kreisprozesse

Die Vorgänge in Verbrennungsmotoren kann man als Kreisprozesse betrachten. Der Kolben beginnt eine Bewegung und kehrt nachdem er den oberen und unteren Wendepunkt passiert hat wieder in seine Ausgangslage zurück. Der Prozess beginnt von vorne.

Ein Ruhrpott-Sprinter der RAG legt sich am 7. Oktober 2001 bei Bottrop in die Kurve. Das Modell G1206 von MaK hat sich zu einem sehr beliebten Fahrzeug bei vielen Privatbahnen entwickelt.

Foto: Marcus Henschel

Führt man einem geschlossenen System Energie in Form von Wärme oder mechanischer Arbeit zu, so ändert sich seine innere Energie U:

$U_{Ende} - U_{Anfang} = \Delta U = \Delta Q$ (Wärmeänderung) $+ \Delta W$ (mechanische Arbeit)

Denkt man sich nun einen idealisierten Kreisprozess, bei dem das System exakt in die ursprüngliche Ausgangsposition zurückkehrt, muss die Änderung der inneren Energie gleich Null sein. Daraus folgt:

$\Delta Q = - \Delta A$ und $- \Delta Q = \Delta A$

Das Zuführen von Wärme führt also dazu, dass das System mechanische Arbeit verrichtet und umgekehrt. Dies ist der Inhalt des 1. Hauptsatzes der Thermodynamik, der beschreibt, dass die Änderung der inneren Energie eines Systems die Summe aus von außen zugeführter Wärme und Arbeit ist.

Die Arbeit ist in unserem Fall das Produkt aus Volumenänderung ΔV und äußerem Druck: $p \cdot \Delta V$.

Fände im Verbrennungsmotor ein perfekter Kreisprozess statt, so könnte man die gesamte zugeführte Wärme, die bei der Verbrennung des Kraftstoffs im Zylinder entsteht, in mechanische Arbeit umwandeln.

Ein MTU-Zwölfzylinder im Rohbau wird mit verschiedenen Bauteilen bestückt.

Der französische Naturwissenschaftler Sadi Carnot hat Anfang des 19. Jahrhunderts eine idealisierte Wärmekraftmaschine erdacht, die die bestmögliche Ausbeute der eingesetzten Wärme liefert. Der zugehörige Carnot'sche Kreisprozess ist die Basis für die Betrachtungen aller anderen Wärmekraftmaschinen. Der von ihm berechnete thermische Wirkungsgrad, der mit dem griechischen Buchstaben bezeichnet wird, lautet:

$\eta = 1 - T_{min} \cdot T_{max}$

Diese Formel ist wichtig, unterstreicht sie doch die Temperaturdifferenz des Arbeitsmediums als maßgebliche Größe zur Betrachtung des thermischen Wirkungsgrades. Ihre Bedeutung mag ein Zahlenbeispiel unterstreichen: In einer Dampfmaschine habe der Dampf eine Temperatur von etwa 120° C (393 Kelvin) und nach dem Arbeitsprozess habe das Kondensat eine Temperatur von 50° C (323 Kelvin). Eingesetzt in die Gleichung erhält man einen theoretischen thermischen Wirkungsgrad von:

$\eta = 1 - 323 / 393 = 17{,}8\ \%$

Dies ist die maximale Ausbeute bei optimalen Bedingungen!

Könnte man nun durch Druckerhöhung die Temperatur des Dampfes auf etwa 200 °C erhöhen – bei gleicher Austrittstemperatur – ergäbe sich ein Wirkungsgrad von 31,7 Prozent. Die realen Wirkungsgrade von Dampfmaschinen liegen jedoch sehr viel niedriger.

Schon als Student in München bei Professor Carl von Linde hat sich Rudolf Diesel mit dem Carnot'schen Kreisprozess befasst und wollte diesen in einer Maschine realisieren. Er erkannte anhand Carnots Überlegungen, dass für einen guten Wirkungsgrad möglichst hohe Arbeitstemperaturen anzustreben wären.

Diesel musste erkennen, dass es nicht möglich war, eine Maschine nach dem Carnot-Prozess zu bauen, da Carnot in seinem Kreisprozess unter anderem eine isotherme Verbrennung annahm, das heißt, eine Verbrennung bei gleichbleibender Temperatur, die in einer realen Maschine nicht zu verwirklichen ist. Die tatsächlichen Prozesse, die in einem Dieselmotor nacheinander stattfinden, beschreibt der so genannte Seiliger-Prozess oder gemischte Vergleichsprozess. Die einzelnen Prozessschritte des Seiliger-Prozesses heißen:

1. isentrope Verdichtung
   (keine Änderung der Entropie)
2. isochore Wärmezufuhr
   (keine Änderung des Volumens)
3. isobare Wärmezufuhr
   (keine Änderung des Drucks)
4. isentrope Ausdehnung
5. isochore Wärmeabfuhr

2.2.6 Reale Wirkungsgrade

Betrachten wir wieder den Dieselmotor: Ziel ist es, die chemische Energie, die im Kraftstoff gespeichert ist, möglichst effektiv in mechanische Arbeit am Kolben zu wandeln. Der thermische Wirkungsgrad ist der wichtigste Faktor und charakterisiert die jeweilige Wärmekraftmaschine. Es gibt jedoch noch eine Reihe anderer Faktoren, die den Gesamtwirkungsgrad eines Motors beeinflussen und die in ähnlicher Form bei allen thermodynamischen Maschinen auftreten. Bei einem Motor treten noch zusätzliche Verluste auf, die in Form von Wärme abgestrahlt werden. Die Energiebilanz sieht so aus:

Kraftstoffenergie (E_K) + Effektive Arbeit (W_E) + Verlustarbeit (W_V) = 0

Der effektive Wirkungsgrad

$\eta_E = W_E \cdot (E_K)^{-1} = \eta_{Th} \cdot \eta_V \cdot \eta_G \cdot \eta_m$

η_{Th}: ist der thermische Wirkungsgrad.

η_V: beschreibt den Verbrennungsgrad.

Es ist das Verhältnis der tatsächlich gewonnenen Wärme zur eingesetzten Kraftstoffmenge mit ihrem spezifischen Heizwert. Zur unvollständigen Verbrennung kann es kommen, wenn nicht ausreichend Luft zur eingespritzten Kraftstoffmenge zugeführt wird.

Auch wenn der Wirkungsgrad des Dieselmotors der beste aller realen Wärmekraftmaschinen ist, werden dennoch nur gute 30 Prozent der Kraftstoffenergie in Traktionsleistung umgesetzt. Das gilt auch für den Pionier der Drehgestell-Dieselloks mit Gelenkwellenantrieb, die V 80 der DB. Am 31. August 1973 war 280 003 bei einer Ausstellung in Hof zu besichtigen.

Foto: Dieter Kempf

η_G: Dieser Wirkungsgrad berücksichtigt die realen Vorgänge im Verhältnis zu den theoretischen. Hierbei gehen unter anderen reale Eigenschaften von Gasen und tatsächliche Wärmeverluste an.
η_m: beschreibt den mechanischen Wirkungsgrad. Hier gehen vor allem Reibungsverluste innerhalb des Motors ein, die am Kolben oder in Lagern auftreten.

Es gibt viele Stellen an denen man einen Motor optimieren kann. Der thermische Wirkungsgrad kann in erster Linie durch möglichst hohe Betriebstemperaturen verbessert werden, die wiederum möglichst hohe Drücke erfordern. Das verwendete Material, das den Temperaturen und Drücken dauerhaft standhalten muss, setzt dabei Grenzen. Der Verbrennungsgrad kann durch die Art und Dauer der Einspritzung gesteuert werden. Es handelt sich um Prozesse, die gerade bei modernen schnelllaufenden Motoren nur den Bruchteil einer Sekunde dauern und deren exakte Steuerung deshalb nicht einfach ist. Der mechanische Wirkungsgrad kann durch optimale Motorkonstruktion verbessert werden.

2.3 Elektrodynamische Phänomene: Von Faraday zum Asynchron-Fahrmotor

Um die elektrische Leistungsübertragung zu verstehen, sollen hier noch einmal ein paar der wichtigsten physikalischen Grundlagen erörtert werden.

2.3.1 Elektrische und magnetische Felder

Zwischen zwei unterschiedlichen elektrischen Ladungen herrscht ein elektrisches Feld. Dieses Feld ist, auch wenn der Mensch dafür kein Sinnesorgan hat, permanent existent und hat eine Richtung. Es ist messbar, in dem man eine zusätzliche Ladung in das Feld einbringt. Auf diese Probeladung wirkt eine Kraft. Die Stärke

Die dieselelektrische ER 20, besser bekannt als Hercules, hat inzwischen längst ihre Alltagstauglichkeit bewiesen. Von München aus ziehen mehrere Exemplare den Allgäu-Express (Alex) nach Oberstdorf und zurück.

des Feldes ist abhängig von der Anzahl und der Dichte der Ladungen. Nimmt man zwei Punkte innerhalb eines elektrischen Feldes, dann liegt zwischen den beiden Orten eine elektrische Spannung. Eine Spannung liegt immer zwischen zwei Punkten. Betrachtet man nur einen der beiden Punkte, so spricht man vom Potenzial an diesem Ort. Wenn man nun die kleine Ladung innerhalb des Feldes zwischen zwei Punkten verschiebt, wird Arbeit verrichtet. Die Arbeit ist das Produkt aus der Ladung und der Spannung:

W (Arbeit) = Q (Ladung) · U (Spannung)

Existiert eine Spannung, dann kann dazwischen ein Strom fließen, wenn entsprechende freie Ladungsträger vorhanden sind.

Die kleine Magnetnadel im Kompass richtet sich auch nach einem Feld aus, dem magnetischen Feld der Erde. Unser Planet ist ein gigantischer Magnet und zwischen zwei magnetischen Polen, meist als Nord- und Südpol bezeichnet, liegt immer auch ein gerichtetes magnetisches Feld. Analog zum elektrischen Feld, hängt auch die Stärke des magnetischen Feldes vom Abstand der magnetischen Pole ab.

Die erste deutsche Bahngesellschaft, die die Class 66 von EMD beschaffte, war die Kölner HGK. Die Class 66 arbeitet noch mit vergleichsweise konventioneller Technik mit Gleichstromgeneratoren und -fahrmotoren. Foto: Dr. Karlheinz Haucke

2.3.2 Die Verbindung von magnetischen und elektrischen Feldern

Der dänische Physiker Christian Oersted (1777–1851) stellte 1820 fest, dass er eine Magnetnadel ablenken konnte, wenn er einen stromdurchflossenen Leiter in ihre Nähe brachte. Je stärker der Strom war, desto größer war auch die Ablenkung. Ein fließender Strom, erzeugt ein magnetisches Feld. Michael Faraday (1791–1867) versuchte nun den umgekehrten Weg nachzuweisen, was ihm 1831 gelang. Er bewegte elektrische Leiter innerhalb eines Magnetfeldes und konnte im Leiter einen Stromfluss nachweisen. Er entdeckte die elektromagnetische Induktion. Die Verbindung zwischen Magnetismus und Elektrizität hat die Welt verändert. Der Weg zur Stromerzeugung durch mechanische Bewegung war eröffnet.
Das entscheidende Kriterium scheint bei Oersted und Faraday die Bewegung zu sein. Es kommt auf eine Änderung des magnetischen oder elektrischen Feldes an. Genau genommen ist eine Änderung des magnetischen beziehungsweise elektrischen Flusses erforderlich.
Ein kleines Gedankenexperiment: Innerhalb eines hufeisenförmigen Magneten, dessen einer Schenkel den magnetischen Nord- und der andere den Südpol bildet, soll sich senkrecht zum Magnetfeld eine kleine Drahtschlaufe drehen. In der Schlaufe fließt umgehend Strom. Wird die Drehrichtung beibehalten, werden die Teile der Schlaufe, die sich zunächst aufwärts bewegten, nach dem Erreichen des Wendepunktes sich in die entgegen gesetzte Richtung abwärts bewegen. Die Fließrichtung des Stromes dreht sich, da das Magnetfeld immer in die gleiche Richtung zeigt. An einem geeigneten Messgerät würde man einen oszillierenden Stromfluß feststellen. Derartige Ströme sind besser bekannt als Wechselströme. Würde sich die kleine Drahtschlaufe 50-mal in der Sekunde drehen, entstünde ein Wechselstrom mit der Frequenz 50 Hertz. Ein ähnlicher Strom kommt auch aus der Haushaltssteckdose. Will man einen Gleichstrom erzeugen, muss an den Wendepunkten der Drahtschlaufe, wo sich die Stromrichtung ändert, der Stromabgriff umgepolt werden. Das macht der so genannte Kommutator.

2.3.3 Generator und Motor

Die elektromagnetische Induktion und ihre technische Anwendung gehören bis heute zu den wichtigsten Fortschritten der Menschheit. Bis zu diesem Zeitpunkt kannte man nur Gleichströme, die in der Regel mit so genannten galvanischen Elementen (Batterien) erzeugt wurden.
Faradays Erkenntnisse ermöglichten, mit mechanischer Bewegung elektrischen Strom zu erzeugen. Unsere Schleife aus dem Gedankenexperiment musste nur regelmäßig von außen bewegt werden. Dafür boten sich die Dampfmaschine oder die Wasserkraft an. Der elektrische Generator war geschaffen. Indem man die Stromabnahme im Wendepunkt mit dem Kommutator konstruktiv umpolte, konnte die neue Maschine auch Gleichstrom erzeugen.
Was macht man mit dem Strom, der nun in großer Menge zur Verfügung steht? Die Antwort ist simpel: Man kehrt einfach das Prinzip um. Der erzeugte Strom wird durch die Drahtschleife geleitet. Das vom fließenden Strom erzeugte Magnetfeld ist dem festen äußeren Magnetfeld entgegengesetzt. Der Magnet kann in unserem einfachen Fall nicht ausweichen, aber die Spule ist beweglich und weicht aus. Das ist das Prinzip des Elektromotors. Generator und Motor sind im Grunde die gleichen Maschinen. Der Generator kann auch als Motor betrieben werden und umgekehrt.
Elektromotoren sind natürlich wesentlich komplizierter aufgebaut als die einfache Drahtschleife im permanenten Magnetfeld. Wer zu Hause eine Lokomotive seiner Modellbahn einmal näher untersucht, wird feststellen, dass auch sie be-

Unter der Baureihenbezeichnung Di6 scheiterten die dieselelektrischen ME 26 von Siemens-MaK in Norwegen kläglich. Nach ihrer Rückgabe an die Hersteller durch die NSB konnten sie im Lokpool von Siemens-Dispolok ihre Einsatztauglichkeit in den vergangenen Jahren jedoch unter Beweis stellen. Am 31. Juli 2000 zieht die 5300-kW-sarke Doppeltraktion ihren Zug zwischen Vehrte und Ostercappeln durch das Wiehegebirge. Ab Dezember 2005 sollen die 2650-kW-Kraftpakete für die Nord-Ostsee-Bahn (NOB) die Personenzüge auf der Marschbahn zwischen Hamburg und Westerland ziehen.
Foto: Axel Kiebler

reits einen komplexeren Motor hat. In großen Bahnmotoren wird das erforderliche Magnetfeld für die Induktion nicht von einem Permanentmagneten aus ferromagnetischem Material erzeugt. Vielmehr bauen stromdurchflossene Spulen das magnetische Feld auf. Und es dreht sich auch nicht eine kleine Schlaufe im Magnetfeld, sondern zahlreiche, um einen bestimmten Winkel versetzte Spulen.

Zwei bestimmte Motorentypen haben sich im Bahnverkehr durchgesetzt. Und da dieselelektrische Lokomotiven im Grunde E-Loks mit eigenem Kraftwerk sind, lohnt sich eine Betrachtung der wichtigsten Motortypen.

2.3.4 Gleichstrommaschinen:

Der Gleichstrommotor zeichnet sich durch eine gute Regelbarkeit aus und kann für Leistungen von wenigen bis mehreren 1000 Kilowatt gebaut werden. Seine Drehzahl kann einfach und verlustarm gesteuert werden, und durch Umpolung ist eine einfache Änderung der Drehrichtung und somit auch der Fahrtrichtung möglich. Die wichtigsten Bauteile sind der bewegliche Anker oder Rotor, der feststehende Stator, der das Magnetfeld liefert, und der Kommutator oder Kollektor. Es war Werner von Siemens, der der Entwicklung des Elektromotors einen entscheidenden Schub gab. Er verwirklichte die selbsterregten elektrischen Maschinen. Siemens schaltete seine Motoren so, dass derselbe Strom, der durch den Anker läuft, auch durch die Feldspulen geschickt wird.

2.3.4.1 Gleichstromnebenschlussmotoren

Bei dieser Schaltung sind der Feldspulen- und der Ankerstrom parallel geschaltet. Die Feldspulenwicklungen sind fein und dünn und wegen ihres größeren Ohmschen Widerstands geht nur ein geringer Strom durch diese Wicklungen. Nebenschlussmotoren haben bei allen Belastungen nahezu gleich bleibende Drehzahlen, was sie als Traktionsmotoren für Schienenfahrzeuge uninteressant macht. Als Antriebe für Gebläse oder Pumpen sind sie gut geeignet.

Als amerikanische Konstruktion fährt die inzwischen in Europa heimisch gewordene Class 66 von General Motors mit einem dieselelektrischen Antrieb.

Foto: Marcus Henschel

Links: Von sechs Gleichstromreihenschlussmotoren angetrieben wird auch die 131 014 der DR, die mit ihrem Güterzug im Juli 1989 Plaue passiert.

Foto: Rainer Albrecht

2.3.4.2 Gleichstromreihenschlussmotoren

Feldspulen- und Ankerstrom sind in Reihe beziehungsweise hintereinander geschaltet. Die Feldspulen haben wenige, dicke Wicklungen mit einem geringen Ohmschen Widerstand. Ihr enormer Vorteil ist, dass die Belastungscharakteristik sehr gut zum Einsatz als Traktionsmotor im Schienenverkehr passt. Bei starken Strömen und geringen Drehzahlen erzielen diese Motoren das größte Drehmoment, das bei hohen Drehzahlen abnimmt. Beim Anfahren ist jedoch eine Begrenzung der Stromaufnahme nötig.

2.3.4.3 Doppelschluss- oder Verbund- oder Compoundmotoren

Sie sind die spezielle Kombination aus Reihen- und Nebenschlussmotor. Über die Wicklung eines Nebenschlussmotors wird noch eine zusätzliche Reihenschlusswicklung gelegt, die für ein stärkeres Anfahrmoment sorgt.

2.3.4.4 Der Generator

Bei der dieselelektrischen Kraftübertragung muss der Strom für die elektrischen Fahrmotoren aus der Leistung des Dieselmotors gewonnen werden. Der Dieselmotor wird dazu mit einem Stromgenerator verbunden. Zum Betreiben eines Gleichstrommotors sollte der Generator Gleichstrom erzeugen. Ein Generator ist im Prinzip genau wie ein Motor aufgebaut. Während beim Motor ein fließender Strom für die Drehbewegung des Ankers sorgt, wird im Generator der Anker von außen bewegt und induziert dabei einen Strom. Es gibt ebenso Reihen-, Nebenschluss und Compoundgeneratoren. Generatoren müssen so ausgelegt werden, dass sie die maximalen Stromwerte, die beim Anfahren auftreten können, und die maximalen Spannungswerte, die bei Höchstgeschwindigkeit auftreten, gleichzeitig vertragen können. Sie sind deshalb in der Regel bis zu 50 Prozent überdimensioniert im Vergleich zur Maximalleistung des antreibenden (Diesel-)Motors. Ein großer Nachteil eines Gleichstromgenerators ist der mechanische Gleichrichter, der Kommutator, der einen Gleichstromgenerator kompliziert, empfindlich und verschleißanfällig macht.
Die moderne Halbleitertechnik machte es möglich, auf den Gleichstromgenerator zu verzichten und den für die Fahrmotoren erforderlichen Gleichstrom durch Silizum-Gleichrichterdioden zur Verfügung zu stellen. Die Möglichkeit zur Gleichrichtung ermöglichte auch die Verwendung von Wechselstromgeneratoren mit fester Ankerwicklung. Bei den Innenpol-Maschinen rotiert das Magnetfeld relativ zum Anker, und die erzeugten Ströme müssen nicht mit Schleifringen, die ebenfalls Verschleissteile sind, abgenommen werden. Ferner ergeben sich noch einige Vorteile bezüglich einer möglichen höheren Drehzahl, die eine größere Leistung bei gleich bleibender Masse erlaubt.

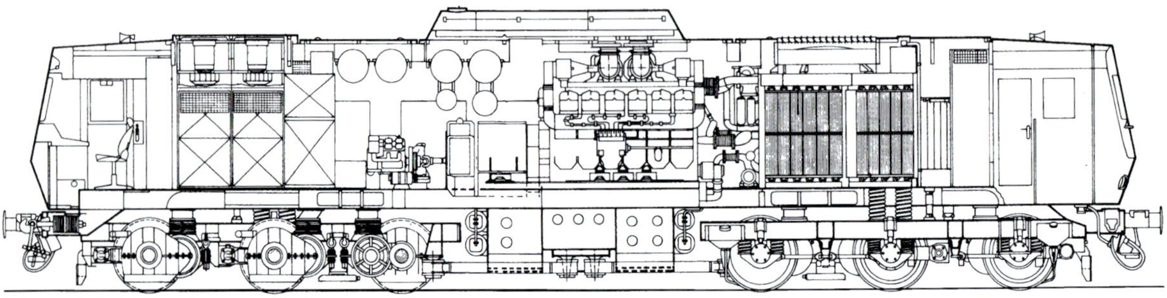

Risszeichnung der dieselelektrischen Henschel-BBC-Baureihe DE 2500 Foto: Sammlung David Hruza

Mitte der 90er-Jahre baute Adtanz in Kassel neue sechsachsige Großdieselloks, unter anderem für Ägypten. Für den deutschen Markt leitete man in Kassel daraus später den »Blue Tiger« DE-AC 33C mit Drehstromantriebstechnik ab. Foto: Marcus Henschel

2.3.5 Die Drehstromtechnik und der Asynchronfahrmotor

Anfang der 1970er-Jahre begann der Siegeszug der Drehstromantriebstechnik. In Deutschland war es die Baureihe 202 von Henschel und BBC, die dieser Technik den Weg bereitete und die heute der Standard bei E-Loks und bei neuentwickelten Dieselloks mit elektrischer Leistungsübertragung darstellt.

Was ist Drehstrom?

Verzichtet man in einem Generator auf den Kommutator, so erhält man eine oszillierende Spannung, die in einer Sinuskurve zwischen zwei Maximalwerten schwankt. Einen derartigen Wechselstrom, wie er auch aus den Haushaltssteckdosen bekannt ist, nennt man Einphasenwechselstrom. Lässt man zwei Spulen, die auf dem Anker im rechten Winkel zueinander stehen, im Magnetfeld rotieren und überlagert die entstehenden Ströme, so erhält man einen zweiphasigen Wechselstrom, bei dem eine Spule gerade ihr positives Spannungsmaximum erreicht, wenn die andere das Minimum durchläuft. Drei Spulen, die auf dem Anker um 120° versetzt sind, erzeugen einen Dreiphasen-Wechselstrom, der gewöhnlich auch als Drehstrom bezeichnet wird. Dieser Drehstrom kann nun genutzt werden, um ein rotierendes magnetisches Feld zu erzeugen. Bringt man in ein derartiges Drehfeld einen metallischen Körper, so beginnt dieser umgehend zu rotieren. Im Falle des Drehstrommotors erzeugt der Stator das Drehfeld und als Anker wird ein so genannter Kurzschlussanker oder Käfigläufer verwendet. In diesen Kurzschlusswindungen werden Induktionsströme erzeugt, auf die eine Kraft durch das magnetische Drehfeld wirkt und die den Anker zwingen, im Drehsinn des Magnetfeldes zu rotieren. Der entscheidende Trick ist, dass man im Vergleich zum Gleichstrommotor hier dem Rotor keinen Strom von außen zuführen muss! Der Motor erzeugt sich den Strom, der erforderlich ist, um ein Drehmoment zu entwickeln, selbst!

Die Drehzahl des Ankers ist bei diesen Motoren etwas geringer als die des Drehfeldes, deshalb heißen die Motoren auch Asynchronmotoren. Den Unterschied zwischen Magnetfeldrotation und Ankerrotation nennt man Schlupf.

Die entscheidenden Vorteile dieses Motors sind sein sehr einfaches Konstruktionsprinzip und das Fehlen des Kommutators, dessen Bürsten ein häufig zu wechselndes Verschleißteil darstellen.

Keine Vorteile ohne Nachteile, die Kennlinie des Drehstrommotors beziehungsweise sein Drehmomentverlauf sind problematisch. Bei festem Drehzahl- oder Frequenzbereich haben sie nur einen sehr eingeschränkten Arbeitsbereich.

Die DE 1024 von MaK wurde 1989 der Öffentlichkeit vorgestellt. Sie entstand in Eigeninitiative der Bahnindustrie. Ein mittelschnelllaufender MaK-Dieselmotor mit 2650 kW treibt den Generator der dieselelektrischen Maschine an. Die Deutsche Bundesbahn mietete die drei Prototypen an und reihte sie als Baureihe 240 eine, konnte sich aber nicht zur Beschaffung dieser Baureihe entschließen.

Foto: Axel Kiebler

Um an den Fahrmotoren eine kontinuierliche Leistungsabgabe ohne Sprünge zu erzielen, müssen sowohl die Spannung als auch deren Frequenz steuerbar sein. Vor allem die Frequenzsteuerung ist entscheidend. Da der Dieselmotor nicht in der Lage ist, die Frequenz durch seine Drehzahl ausreichend fein und über eine hinreichend große Bandbreite zu regeln, kann die Frequenzsteuerung nicht generatorseitig erfolgen. Die moderne Halbleiter-Leistungselektronik hat die Möglichkeit, dies zu umgehen. Der vom Generator erzeugte Wechselstrom wird in einem Gleichstromzwischenkreis gleichgerichtet. Spezielle Wechselrichter erzeugen aus diesem Gleichstrom wieder einen Drehstrom, der in seiner Frequenz steuerbar ist. Die entsprechenden Bauteile waren anfangs so genannte Thyristoren, steuerbare Silizium-Gleichrichter (Dioden). Durch einen elektrischen Zünd- oder Löschimpuls kann zu einem gewählten Zeitpunkt der Thyristor leitend geschaltet werden. Durch diese Phasen-Anschnittsteuerung wird eine Frequenzsteuerung des Asynchronmotors erzielt. Die ursprünglichen Thyristoren wurden später von den GTO-Thyristoren abgelöst und inzwischen werden IGBT-Bauteile verwendet.

2.4 Strömungsmaschinen: Turbinen und Pumpen

Pumpen und Turbinen gehören zu den ältesten Maschinen. Schon früh nutzten die Menschen die Kraft von Wind und Wasser. Wind- und Wasserräder sind einfache Turbinen. Allgemei-

In den 60er-Jahren versuchte Krauss-Maffei, Großdieselloks mit hydrodynamischem Antrieb von Voith auf dem US-Markt anzubieten. Das Experiment war wenig erfolgreich. Obwohl die erbrachten Leistungen ordentlich waren, wollten die US-Bahngesellschaften nicht auf ihre dieselelektrischen Maschinen verzichten. Foto: Voith

Das erste Voith-Turbogetriebe in einer Versuchsausführung für einen österreichischen Triebwagen von Austro-Daimler aus dem Jahr 1932. Das ABL 2,8 e1 war für eine Leistung von 80 PS bei 3000 min^{-1} ausgelegt. Foto: Voith

ner kann man die Wind- und Wasserräder als Strömungsmaschinen bezeichnen. Seit Mitte des 19. Jahrhunderts haben sich die Formen der ursprünglich sehr einfachen Wind- und Wasserräder stark verändert. Grund war ein besseres theoretisches Verständnis der Strömungsmaschinen, was sich stark auf den Formenbau auswirkte und ihnen auch ganz neue Anwendungsbereiche eröffnete.

Im Zusammenhang mit Diesellokomotiven ist das Verständnis der Strömungsmaschinen vor allem bei der dieselhydraulischen Leistungsübertragung und der Abgasaufladung nötig.

Strömungsmaschinen entziehen einem Fluid, also einem Gas oder einer Flüssigkeit, Energie, um eine andere Maschine anzutreiben (Turbine), oder sie führen einem Fluid Energie zu, um dessen Druck zu erhöhen (Pumpe).

Bei Kolbenmaschinen, wie sie auch ein Dieselmotor darstellt, wird die Arbeit durch eine Volumenänderung gewonnen. Strömungsmaschinen nutzen dagegen die kinetische Energie des Fluids, also die Energie, die in der Bewegung steckt.

Ein großer Vorteil der Strömungsmaschinen ist ihr vergleichsweise einfacher mechanischer Aufbau. Im Gegensatz zur oszillierenden Auf- und Abbewegung in einer Kolbenmaschine, rotieren Strömungsmaschinen um eine Achse und können ohne komplizierte Umlenkung der Bewegungsrichtung eingesetzt werden.

Es war der deutsche Ingenieur Herrmann Föttinger (1877–1945), der der dieselhydraulischen Kraftübertragung den Weg bereitete. Seine Aufgabe bestand Anfang des 20. Jahrhunderts darin, das Drehmoment einer schnelllaufenden Dampfturbine eines Schiffes auf die verhältnismäßig langsame Drehung einer Schiffsschraube zu übertragen. Zu damaliger Zeit gab es keine geeigneten Zahnradgetriebe, die dies leisten konnten. Eine Möglichkeit wäre die elektrische Leistungsübertragung mit Generator und Motor gewesen. Föttinger aber ersetzte den elektrischen Generator durch eine Kreiselpumpe und den Elektromotor durch eine Flüssigkeitsturbine. Die große Leistung des Ingenieurs bestand nun darin, Pumpe und Turbine auf engstem Raum zu kombinieren. Er vermied dadurch Strömungsverluste durch lange Transportwege.

Die wichtigsten Stellglieder von Strömungsmaschinen sind neben der Dimension (Baugröße) die Schaufelzahl und –form und der Grad der Füllung im Kreislauf.

Man unterscheidet drei Hauptströmungsmaschinen, die in einem Hydrodynamischen Lokomotivgetriebe zum Einsatz kommen:

1. Föttinger-Wandler
2. Föttinger-Kupplung
3. Retarder

Strömungskreislauf zwischen Leit-, Pumpen- und Turbinenrad in einem hydrodynamischen Wandler. Foto: Voith

2.4.1 Der Drehmomentwandler

In einem torusförmigen Körper befinden sich bei einem Föttinger-Wandler ein Pumpenrad, ein Turbinenrad und ein feststehendes so genanntes Leitrad sowie das spezielle Getriebeöl. Im Falle der Lokomotive wäre das Pumpenrad mit dem Dieselmotor verbunden und das Turbinenrad mit dem Radsatz. Die Pumpe setzt die Getriebeflüssigkeit in Bewegung, die Schaufeln der Pumpe werden von innen nach außen durchströmt und setzen die Turbine in Bewegung, die um das Pumpenrad angeordnet ist. Die mechanische Rotationsenergie des Motors wird zunächst in eine hydraulische Energie des strömenden Fluids verwandelt. Die Turbine nimmt die kinetische Energie der Flüssigkeit auf und wandelt sie erneut in eine mechanische Rotationsbewegung. Nachdem das Öl die Turbinenschaufeln verlassen hat, trifft es auf das feststehende Leitrad, das als Drehmomentstütze fungiert. Die Flüssigkeit wird umgelenkt und tritt wieder in die Pumpe ein.
Die Summe aller auf ein abgeschlossenes System wirkenden äußeren Momente ist gleich Null. Die gesamte Drehmomentbilanz sieht so aus:
M_T (Turbinenmoment) = M_P (Pumpenmoment) + M_L (Leitradmoment)
Das Turbinenmoment kann abhängig von der Auslegung des Leitradmomentes (Größe, Drehsinn) sowohl größer als auch kleiner als das Pumpenmoment sein. Diese Charakteristik und die Möglichkeiten des Föttinger-Wandlers sind besonders für den Bahneinsatz geeignet: Beim Anfahren entwickelt diese Strömungsmaschine ihr größtes Drehmoment. Wenn sich die Rotationsgeschwindigkeiten von Pumpen- und Turbinenrad annähern, sinkt die Drehmomentwandlung.

2.4.2 Die hydrodynamische Kupplung

Die Kupplung ist nicht in der Lage ein Drehmoment zu wandeln. Das von der Pumpe abgegebene Moment wird in der Kupplung lediglich übertragen. Eine Föttinger-Kupplung besteht nur aus dem Pumpen- und Turbinenrad und verzichtet auf das Leitrad.

2.4.3 Der Retarder

Die hydrodynamische Bremse ist eine hocheffiziente Bremse, die im Prinzip eine Kombination aus Pumpenrad und einer feststehenden Turbine, die als Stator bezeichnet wird, ist. Die Energie der strömenden Flüssigkeit wird am Turbinenrad in Wärme umgewandelt. Der Retarder ist jedoch nur bei einer fahrenden Lokomotive wirksam.

2.4.4 Der Abgasturbolader

Auch der Abgasturbolader ist eine Strömungsmaschine und einer hydrodynamischen Kupplung ähnlich. Er besteht aus einem Turbinen- und einem Verdichterrad. Das Arbeitsmedium ist jedoch im Vergleich zum hydrodynamischen System gänzlich unterschiedlich. Die heißen Abgase eines Dieselmotors strömen durch das Turbinenrad und treiben es unter Abgabe von kinetischer Energie an. Die Turbine sitzt auf einer Welle mit dem Verdichter und treibt diesen unmittelbar an. Das Besondere ist, dass Gase im Gegensatz zu Flüssigkeiten kompressibel sind, das heißt, Luft kann verdichtet werden, und genau dies will man mit einem Abgasturbolader erreichen. Er soll eine größere Luftmenge in den Zylindern zur Verfügung stellen, um mehr Kraftstoff verbrennen zu können.

Über den Zylinderkopfreihen des Motors sitzt die gesamte Abgasturboladereinheit.
Foto: David Hruza

3. Rudolf Diesels Motor

Der Dieselmotor ist das zentrale Bauteil der Diesellok. Er macht den Unterschied zu den anderen Traktionsarten aus.
Betrachtet man etwa eine dieselelektrische Lokomotive, dann entspricht ihre Konstruktion– abgesehen vom Dieselmotor– beinahe einer E-Lok. Sie produziert lediglich ihren Strom an Bord. Alle anderen Einrichtungen wie Fahrmotoren, Bordnetze, Zugheizung und vieles mehr unterscheiden sich nicht prinzipiell von den Systemen, die in einer E-Lok Verwendung finden.
Die Eigenschaften des Dieselmotors sind jedoch so speziell und interessant, dass sich eine genaue Betrachtung dieser besonderen Maschine lohnt. Der Dieselmotor ist ein komplexes Gebilde aus unterschiedlichen Teilsystemen, die möglichst optimal aufeinander abgestimmt sein müssen, um zusammen ein funktionstüchtiges und wirtschaftliches Aggregat zu ergeben, das den heutigen Anforderungen des modernen Schienenverkehrs genügt.
Am Anfang ist es sinnvoll, sich ein paar Gedanken darüber zu machen, welche Anforderungen an einen Dieselmotor speziell für den Einsatz im

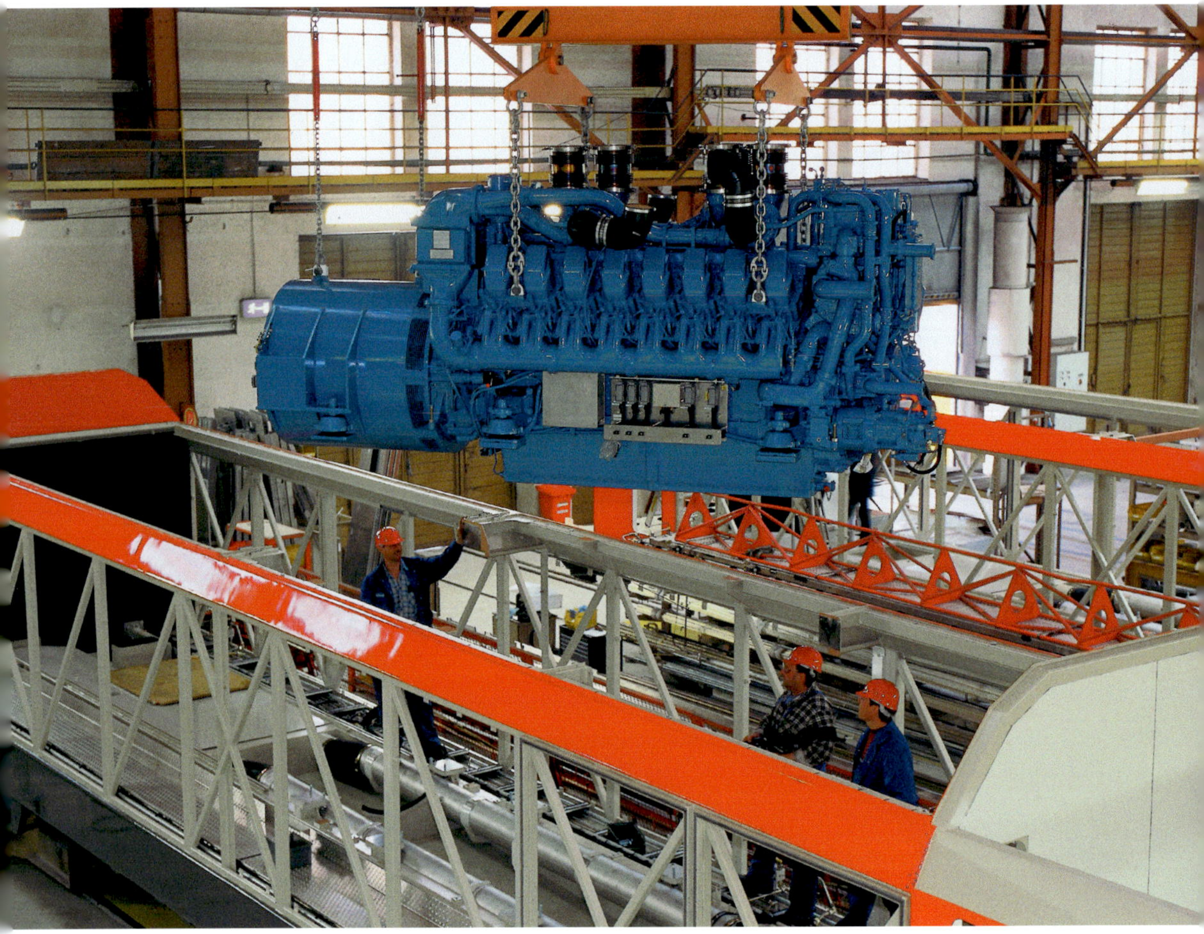

Ein 16-Zylinder-Motor der MTU-4000-Serie mit angeflanschter Generatoreinheit wird gerade in eine Diesellok der Baureihe 2016 der ÖBB eingebaut. Foto: MTU

Schienenverkehr zu stellen sind:

1. Ein Bahndieselmotor muss zuverlässig sein. Dieselloks haben Nutzungszeiten von mehreren Jahrzehnten. Das gilt auch für alle wichtigen Teilsysteme wie etwa Motor und Getriebe. Abgesehen von Wartungen und dem Wechsel von Verbrauchsmaterialien wie Kühlmitteln, Schmier- und Getriebeölen sowie dem Ersatz von Verschleißteilen muss der Motor in der Regel mehrere 1000 Betriebsstunden funktionieren, bevor Grundüberholungen anstehen dürfen. Moderne MTU-Motoren der 4000-Serie haben heutzutage Einsatzintervalle von 30.000 Betriebsstunden, bevor sie sich einer Generalüberholung unterziehen müssen. Neben der Zuverlässigkeit muss der Dieselmotor auch autonom arbeiten können. Beispielsweise im Wendezugeinsatz, wenn die Lok vom Steuerwagen bedient wird oder bei Doppeltraktion, wenn eine zweite Lok zur Zugkraftsteigerung unbemannt eingesetzt wird. Der Dieselmotor muss in diesen Fällen automatisch gesteuert und überwacht werden können.

2. Neben der Zuverlässigkeit spielen sowohl das Gewicht als auch die Einbaumaße eine wichtige Rolle. Dieses Kriterium ist bei modernen Dieselmotoren jedoch nicht mehr so entscheidend wie in den frühen Entwicklungsjahren. Am Anfang der Entwicklungsgeschichte der Diesellok kamen häufig schwere Schiffsmotoren zum Einsatz, die reichlich Platz beanspruchten. Moderne Hochleistungsmotoren sind sehr kompakt. Durch die Verwendung moderner, leichter und hochfester Werkstoffe sind sie sowohl bezüglich des Gewichts als auch der Größe unproblematisch für den Einbau in Lokomotiven. Etwas anders sieht es beim Einsatz in Triebwagen aus. Um möglichst viel Platz für den Transport von Passagieren zur Verfügung zu haben, sind die Konstrukteure bemüht, sämtliche antriebsrelevanten Bauteile möglichst unter dem Fahrzeugboden (unterflur) anzuordnen. Der beschränkte Platz stellt in diesem Fall eine größere Herausforderung für die Ingenieure dar.

3. Die Kosten sind heutzutage die wichtigsten Faktoren für Bahngesellschaften bei der Beschaffung von Lokomotiven. Moderne Lokomotiven sind häufig modular aufgebaut, das heißt, der Kunde kann sich unter Umständen für Motoren verschiedener Hersteller entscheiden. Faktoren wie Anschaffungspreis, Betriebskosten, Ersatzteilpreise, Service und nicht zuletzt der Kraftstoffverbrauch beeinflussen die Motorenentscheidung.

Abgesehen von den Unterschieden im Detail sind alle Dieselmotoren vom Konstruktionsprinzip her gleich. Der Dieselmotor kann in folgende Teilbereiche zerlegt werden:

1. Das mechanische System (Motorraum mit Zylindern, Kolben usw.)
2. Das Verbrennungssystem (Art und Gestaltung des Brennraums)
3. Das Einspritzsystem
4. Das Kraftstoffsystem
5. Das Kühlsystem
6. Das Abgassystem
7. Das Aufladesystem
8. Das Schmiersystem

3.1 Zwei- oder Viertakt?

Vor der Konstruktion eines neuen Dieselmotors müssen die Ingenieure festlegen, welches Taktsystem angewendet werden soll, Es gibt zwei grundsätzliche Arbeitsverfahren, die für Diesel-, aber auch Ottomotoren zum Einsatz kommen: Zweitakt und Viertakt. Was ist der Unterschied?

Beim Zweitaktverfahren dreht sich bei einem vollständigen Arbeitsprozess die Kurbelwelle einmal um sich selbst (360°), der Kolben führt zwei Hübe durch, er geht einmal auf und ab. Das heißt, dass in diesen beiden Hüben alle relevanten Prozesse wie Ansaugen und Verdichten der Luft, Kraftstoffeinspritzung, sowie Zündung und das Ausschieben der Verbrennungsgase stattfinden müssen.

Beim ersten Takt wird gleichzeitig das Abgas

Die legendäre V 200 der DR – besser bekannt als »Taigatrommel« oder »Wumme« – besitzt einen Zweitakt-Dieselmotor mit einer Leistung von knapp 1500 kW.

ausgespült und Frischluft angesaugt. Hier steuern nicht Ventile den Prozess, sondern Schlitze im Kolben. Ein zusätzliches Gebläse sorgt meist dafür, dass die frische Luft mit etwas höherem Druck die Abgase verdrängt. Sobald der Kolben auf dem Weg zum oberen Totpunkt die seitlichen Schlitze verschließt, beginnt die Kompression. Wenn der Kolben durch die Zündung nach unten gedrückt wird, beginnt der zweite Takt, der eigentliche Arbeitstakt. Der Kolben gibt auf seinem Weg wieder die Schlitze frei, das Abgas strömt aus und wird von Frischluft verdrängt. Es gibt auch Zweitaktmotoren, die noch zusätzliche Ventile in den Zylinderköpfen haben.

Beim Viertaktprozess macht die Kurbelwelle zwei vollständige Umdrehungen (720°) und der Kolben läuft zweimal auf und ab. Anstelle von seitlichen Schlitzen steuern Ventile im Zylinderkopf die Luftzufuhr und das Ausströmen der Abgase.

1: Takt: Das Einlassventil ist geöffnet, der Kolben geht vom oberen Wende- oder Totpunkt zum unteren Wende- oder Totpunkt und saugt Frischluft an.

2. Takt: Alle Ventile sind geschlossen, der Kolben läuft wieder nach oben und verdichtet die Luft, die sich dabei auf 700° bis 900° C erwärmt, auf einen Druck von weit mehr als 30 bar, bei modernen Motoren bis an die 100 bar.

3. Takt: Im Arbeitstakt wird mechanische Arbeit erzeugt. In die verdichtete Luft wird der Diesel-

kraftstoff eingespritzt, der sich selbst entzündet und den Kolben zum unteren Totpunkt treibt. Das Einspritzen des Kraftstoffs beginnt bereits kurz vor dem Erreichen des oberen Totpunkts.

4. Takt: Der Kolben geht wieder nach oben und treibt die Abgase bei geöffnetem Auslassventil aus dem Brennraum.

Für das Zweitaktverfahren spricht die einfachere Motorkonstruktion. Aber der geringere Wirkungsgrad, die Spülverluste und der geringere Druck haben das Zweitaktverfahren inzwischen an den Rand gedrängt.

Auch die österreichische Baureihe 2043 hat im Gegensatz zur Schwesterbaureihe 2143 einen Zweitakt-Diesel. Foto: Jochen Frickel

Der MAN-W6V 30/38 ohne Turboaufladung stammte ursprünglich auch aus dem Schiffseinsatz. In der Wehrmachtsbaureihe D 311 (V 188 der DB) wurde in jedem Lokteil einer eingebaut. Der Motor ist ein typischer Reihenmotor mit sechs Zylindern.

Foto: Historisches Archiv der MAN AG, Augsburg

3.2 Der Aufbau des Dieselmotors

Reihenmotor, V-Motor, Boxer – Begriffe, die in einer automobilen Welt längst zum Alltagswortschatz gehören. Diese Ausdrücke beschreiben Grundbauarten von Verbrennungsmotoren, die auch bei Bahndieselmotoren vorkommen. Die wichtigsten Bauformen sind:

1. Der stehende Reihenmotor: Die Zylinder stehen senkrecht und sind hintereinander angeordnet.
2. Der liegende Reihenmotor: Die Zylinder liegen waagrecht und sind ebenfalls hintereinander angeordnet. Diese Bauform ist interessant, wenn das Höheneinbaumaß beschränkt ist.
3. Der V-Motor: Heutzutage ist diese Bauform die wichtigste bei Bahndieselmotoren. Zwei Zylinderreihen liegen parallel zueinander und bilden eine V-Form. Beide Zylinderreihen wirken auf eine gemeinsame Kurbelwelle.

Seltenere Bauarten bei Bahndieseln sind der Doppelreihenmotor, der Gegenkolbenreihenmotor und der Boxerreihenmotor.

Der L12V 18/21 von MAN leistete 1130 PS bei 1500 min-1. Es ist ein typischer V-Motor, der bei der DB in den Baureihen 220 und 211 zum Einsatz kam

Foto: Historisches Archiv der MAN AG, Augsburg

3.3 Der Motorblock

Der Motorblock ist das größte und auffälligste Bauteil eines Dieselmotors und setzt sich aus folgenden Grundbauteilen zusammen:

- Das Motorengehäuse
- Der Zylinderblock
- Die Zylinderköpfe
- Die Ölwanne
- Das Triebwerk
- Die Steuerung

3.3.1 Das Motorengehäuse

Das Gehäuse des Dieselmotors ist die Basis des Motors und nimmt alle anderen relevanten Motorenbauteile auf. Dazu gehören die Zylinderköpfe, die Kurbelwelle, die Steuerung und vieles mehr. Das Gehäuse besteht meist aus einem oder zwei Stahl- oder Aluminium-Gussteilen, kann aber sogar aus Stahlblechen geschweißt sein. Das Motorengehäuse muss allen im Motor entstehenden Kräften und Temperaturen standhalten. Das Kurbelgehäuse ist das teuerste Einzelbauteil des Dieselmotors und sollte nicht durch unnötige Nebenfunktionen zusätzlich belastet werden.

Das Gehäuse eines 20-Zylinder-MTU-400-Motors stellt trotz seiner Größe und seines Gewichts ein hochpräzises Teil dar.

3.3.2 Der Zylinderblock

Der Zylinderblock ist im Grunde Teil des Gehäuses, aber seine Bedeutung ist so außerordentlich, dass er eigens aufgezählt wird. Im Zylinderblock befinden sich die einzelnen Zylinder, auch Laufbüchsen genannt, in denen sich die Kolben bewegen. Im Zylinderblock eines Bahndiesels befinden sich mehrere Laufbüchsen, die von Kühlwasser umströmt werden. Diese Laufbüchsen werden dennoch thermisch und mechanisch sehr stark beansprucht und können deshalb ausgewechselt werden, um die Lebensdauer des Gesamtmotors zu verlängern. Am Zylinderblock befinden sich auch Anschlüsse für die Wasserkühlung.

3.3.3 Die Zylinderköpfe

Die Zylinderköpfe bilden den oberen Abschluss des Zylinderblocks. Sie erfüllen mehrere Aufgaben und sind je nach Motorbauart sehr komplizierte Gussteile. Im Zylinderkopf befinden sich zahlreiche Kanäle, über die mit Hilfe von Ventilen der Kraftstoff und die Luft zugeführt und die Abgase ausgelassen werden. Außerdem gibt es Hohlräume für den Kühlwasserkreislauf und – je nach Zündverfahren – Raum für Vor- oder Wirbelkammern. Bei sehr großen Motoren hat jeder Zylinder einen eigenen Kopf. Die Zylinderköpfe werden vor allem durch die hohen Drücke und Temperaturen die in den Laufbüchsen entstehen, belastet. Zwischen dem Zylinderkopf und der Laufbuchse sorgt eine Kupfer- oder Weicheisen-Dichtung für Dichtigkeit.

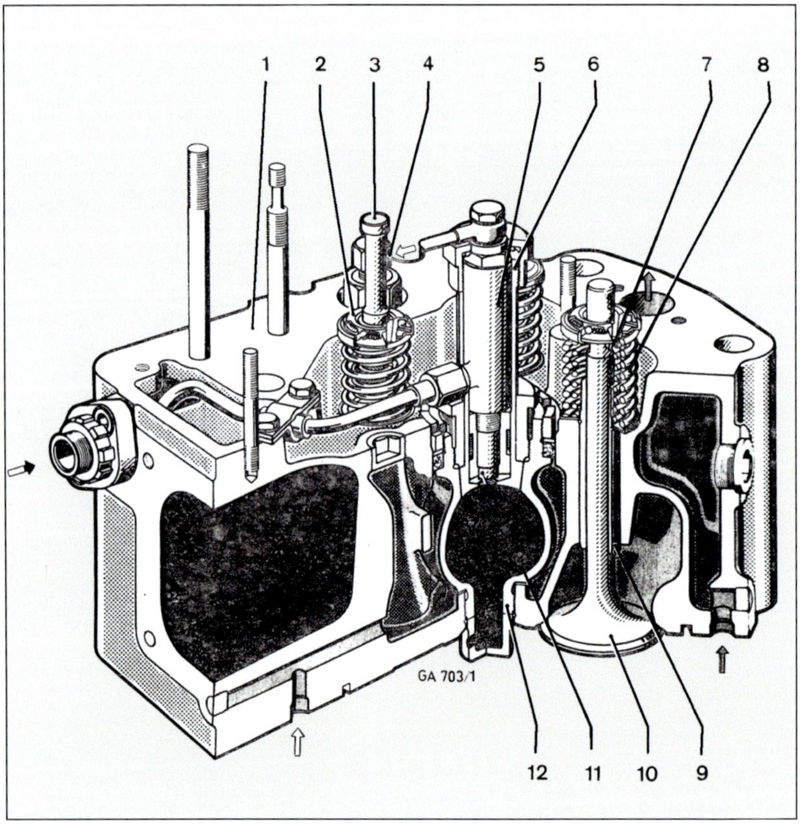

Der Zylinderkopf eines MB 652 von MTU: 1. Zylinderkopf, 2. »Rotokap«-Ventildrehvorrichtung, 3. Einlassventil, 4.Dekompressionsventil, 5. Kraftstoff-Einspritzdüsenhalter, 6. Vorkammerdeckel, 7. Ventilfeder innen, 8. Ventilfeder außen, 9. Ventilführung, 10. Auslassventil, 11. Kraftstoff-Einspritzdüse, 12. Vorkammer mit Brenner Zeichnung: MTU, Sammlung Jochen Frickel

3.3.4 Die Ölwanne

Die Ölwanne schließt das Motorengehäuse nach unten ab. Wie der Name beschreibt, sammelt sich in ihr das zurücklaufende Schmieröl. Sie kann gegossen oder geschweißt sein. Die Gestaltung der Ölwanne kann zur Erhöhung der Steifigkeit der Gesamtstruktur beitragen.

3.3.5 Das Triebwerk

Unter dem Triebwerk versteht man die beweglichen Hauptbauteile innerhalb des Zylinders beziehungsweise des Motorgehäuses. Dazu gehören die Kolben, Kolbenbolzen, Pleuel, Kurbelwelle, Schwungscheibe und Schwingungsdämpfer. Das Triebwerk wandelt die oszillierende Auf- und Abwärtsbewegung der Kolben in eine Rotation.

3.3.5.1 Kolben

Die Kolben gehören zu den am stärksten beanspruchten Teilen des Motors. Sie müssen erheblichen thermischen und mechanischen Belastungen widerstehen. Die Kolben wandeln die bei der Explosion entstehende Druckenergie in mechanische Arbeit um. Sie müssen den Zylinderraum dicht gegen das Kurbelgehäuse abschließen. Bei Zweitaktmotoren steuern sie die Ein- und Auslassschlitze. Ein optimaler Kolben sollte möglichst leicht sein, um die beweglichen Massen gering zu halten. Der Kolbenboden muss steif sein, da bei aufgeladenen Dieselmotoren ein Zünddruck weit über 100 bar auf ihn einwirkt! Der Kolben muss hitzestabil sein und sollte sich möglichst wenig ausdehnen, um das Spiel zwischen der Laufbüchse, die sich im Betrieb weniger stark ausdehnt, und Kolben möglichst konstant klein zu halten. Ferner muss die Wärmeleitung innerhalb des Kolbens gut funktionieren, damit keine Spannungen im Material entstehen. Zudem sollte der Kolben verschleißarm sein und möglichst wenig Reibungswiderstand entwickeln. Die Oberfläche des Kolbenmantels ist deshalb absolut glatt. Es gibt sowohl einteilige Leichtmetallkolben als auch mehrteilige so genannte gebaute Kolben. Der Kolben wird mit Öl gekühlt, das teilweise durch Spritzdüsen oder spezielle Bohrungen in die Kolben gefördert wird.

Am oberen Teil des Kolbenmantels befinden sich die so genannten Kolbenringe. Die oberen Ringe dienen zur Abdichtung des Brennraums gegen das Kurbelgehäuse, die unteren streifen das in der Laufbüchse befindliche überschüssige Schmieröl von der Zylinderwand ab, das dann über Bohrungen im Kolben zurückfließt. Die Zylinderringe bilden auch eine Wärmebrücke zwischen Kolben und Zylinderwand und können so

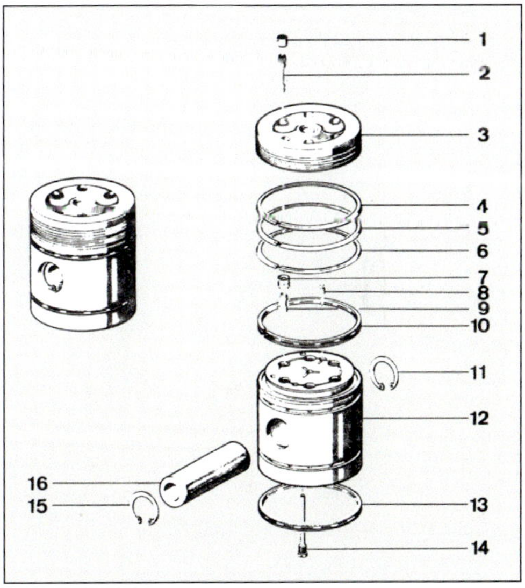

Ein gebauter Kolben: 1. Verschlusskappe, 2. Dehnschraube, 3. Kolbenboden, 4., 5., 6. Verdichtungsringe, 7. Gewindebüchse, 8. Passstift, 9. Hülse, 10. oberer Ölabstreifring, 11. Sicherungsring, 12. Kolbenschaft, 13. unterer Ölbastreifring, 14. Gewindebolzen, 15. Sicherungsring, 16. Kolbenbolzen

Zeichnung: MTU, Sammlung Jochen Frickel

Wärme abführen. Die Zylinder- oder Kolbenringe haben je nach Verwendungszweck unterschiedliche Formen und werden aus Sondergusseisen gegossen. Sie sind an einem Ende offen und können sich elastisch an die Wand anlehnen.

3.3.5.2 Der Kolbenbolzen

Innerhalb des Kolbens befindet sich am unteren Ende der Kolbenbolzen, der die Kraft auf die Pleuelstange überträgt und in der Kolbennabe gelagert ist. Auch der Bolzen unterliegt schweren Beanspruchungen, vor allem Biegekräften. Deshalb ist er aus hochfestem Stahl und zur Gewichtsersparnis meist hohlgebohrt.

3.3.5.3 Das Pleuel

Das Pleuel dient der Kraftübertragung vom Kolben auf die Kurbelwelle. Es muss aufgrund der wirkenden Zug- und Druckkräfte ebenfalls hochfest gebaut sein. Im Inneren des Pleuels befindet sich ein Ölkanal zur Schmierung des Kolbenbolzenlagers und zur Kolbenkühlung. Während das Pleuelauge mit der Lagerbuchse für den Kolbenbolzen ungeteilt ist, ist das untere größere Auge, das mit der Kurbelwelle verbunden ist, meist geteilt. Man versucht bei der Motorkonstruktion immer mit möglichst kurzen Pleuellängen auszukommen. Das bringt zum einen Gewichtsersparnis und ermöglicht zum anderen niedrige Motorbauformen.

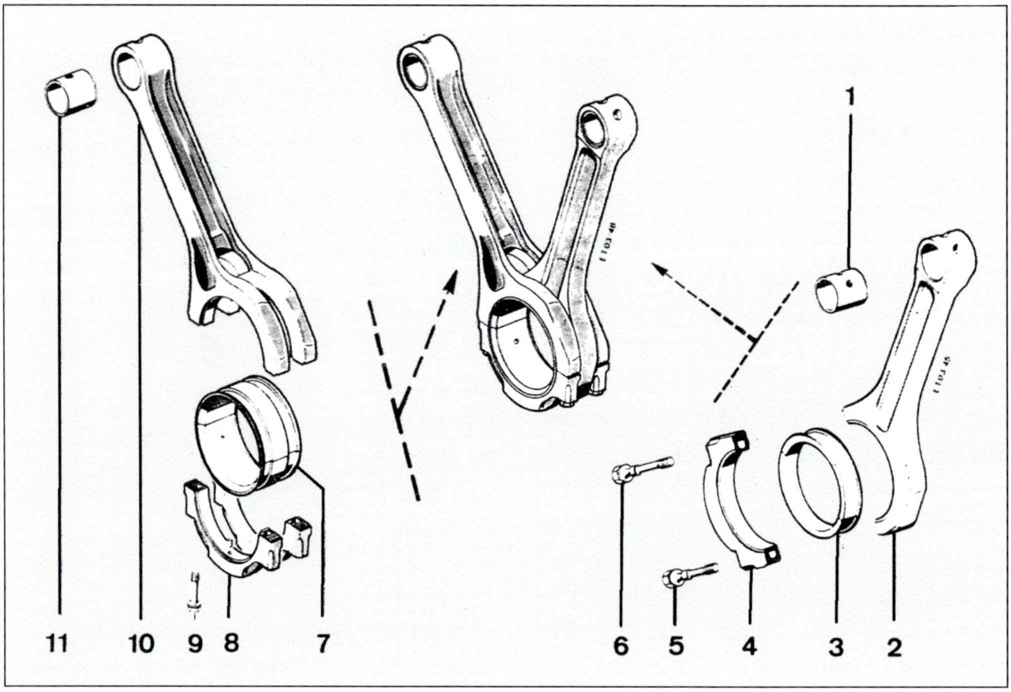

Das Pleuel Zeichnung: MTU, Sammlung Jochen Frickel

3.3.5.4 Die Kurbelwelle

Sie ist deshalb eines der bedeutendsten Bauteile, weil hier die Wandlung der linearen Kolben- in die gewünschte Rotationsbewegung stattfindet. Kurbelwellen können aus einem Stück geschmiedet sein oder sich aus mehreren Einzelteilen zusammensetzen, ebenso gibt es Gussteile. Die Kurbelwelle fasst bei mehrzylindrigen Motoren die Kräfte der einzelnen Zylinder zusammen und stellt sie über einen Haupt- und eventuell Nebenabtriebe zur Verfügung. Jeder einzelne Zylinder beziehungsweise Kolben ist über das Pleuel mit einem Zapfen der Kurbelwelle verbunden. Die einzelnen Zapfen sind auf der Welle entsprechend der Zylinderzündfolge um einen bestimmten Winkel gegeneinander versetzt. Die Kurbelwelle ist an den Enden und meist auch zwischen den einzelnen Kurbelwellenzapfen in den so genannten Grundlagerzapfen gelagert. Wegen der Asymmetrie der Kurbelwangen mit den Lagerzapfen und deren zusätzlicher Versetzung entsprechend der Motortakte müssen Ausgleichsmassen für eine Auswuchtung der Gesamtwelle gegenüber den Kurbelwangen angebracht werden, um die mechanische Belastung des Gesamtsystems gering zu halten.

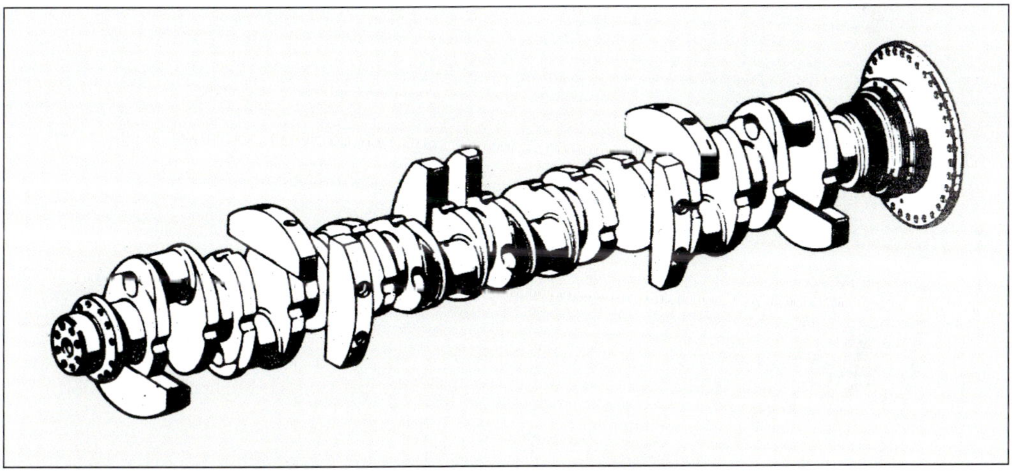

Die Kurbelwelle eines MTU-Motors Zeichnung: MTU, Sammlung Jochen Frickel

3.3.5.5 Die Schwungscheibe

Das Drehmoment eines Verbrennungsmotors ist zeitlich nicht konstant, da nicht jeder Motorentakt zu einer Momentabgabe führt. Eine Schwungscheibe dient der gleichmäßigeren Drehmomentabgabe und spielt besonders bei langsamlaufenden Motoren oder solchen mit wenigen Zylindern eine große Rolle. Ein Einzylinder-Viertaktmotor etwa leistet nur jeden vierten Takt Arbeit. Um die drei Takte zu überbrücken, in denen keine Arbeit abgegeben wird, nimmt die Schwungscheibe einen Teil der Energie des Arbeitstaktes auf, gibt sie während der übrigen drei Takte wieder ab und sorgt so für einen runden Lauf. Sie ist quasi ein Energiereservoir und sorgt insgesamt für ein über alle Takte möglichst gleichmäßiges Drehmoment. Die Schwungscheibe spielt bei Motoren, die hohe Umdrehungszahlen aufweisen und die zudem über mehrere Zylinder verfügen, die sich in unterschiedlichen Arbeitstakten befinden, eine weniger wichtige Rolle.

3.3.5.6 Der Schwingungsdämpfer

Die Kurbelwelle des Dieselmotors ist ein extrem beanspruchtes Bauteil und kann gefährlichen erzwungenen Schwingungen ausgesetzt sein. Solche Schwingungen können immer dann entstehen, wenn ein schwingungsfähiges System periodisch angeregt wird. Die auf- und ablaufenden Kolben erfüllen genau diese Vorgabe. Aus dem Physikunterricht ist manchem noch der Begriff der Resonanzkatastrophe bekannt. Gerät ein schwingungsfähiges System in Resonanz, können enorme zerstörerische Kräfte auftreten, und mancher hat vielleicht schon den Film über den Einsturz der Takoma-Brücke in den USA gesehen. Ein Sturm brachte sie im November 1940 in Resonanz. Dabei geriet die Hängebrücke in so starke sich immer weiter aufschaukelnde Schwingungen, dass, nachdem sich die Fahrbahn zunächst wie ein Gummiband verdrillt hatte, das gesamte Bauwerk zusammenbrach.
Resonanz tritt immer dann ein, wenn die Frequenz der aufgezwungenen Schwingung gleich der Eigenfrequenz des Schwingungssystems ist.
An der Kurbelwelle des Motors können drei unterschiedliche Schwingungsformen auftreten: Längs-, Biege- und Torsionsschwingungen. Vor allem letztere, also die Verdrehung der Kurbelwelle um die Längsachse, ist gefährlich. Deshalb müssen Schwingungen bestimmter Frequenz gezielt unterbunden werden. Dafür stehen verschiedene Methoden zur Verfügung. Mechanische oder hydraulische Schwingungsdämpfer vernichten die Schwingungsenergie und wandeln sie in der Regel in Wärme um. Ein Schwingungstilger, eine Art mobiles Gegengewicht, schwingt selbst im Bereich der Resonanzfrequenzen und arbeitet verlustlos. Die Kurbelwelle selbst muss möglichst so gebaut sein, dass ihre Eigenfrequenz höher als die Frequenzen der auftretenden erzwungenen Schwingungen ist. Es kann sogar sein, dass bestimmte gefährliche Motordrehzahlen gesperrt werden müssen.

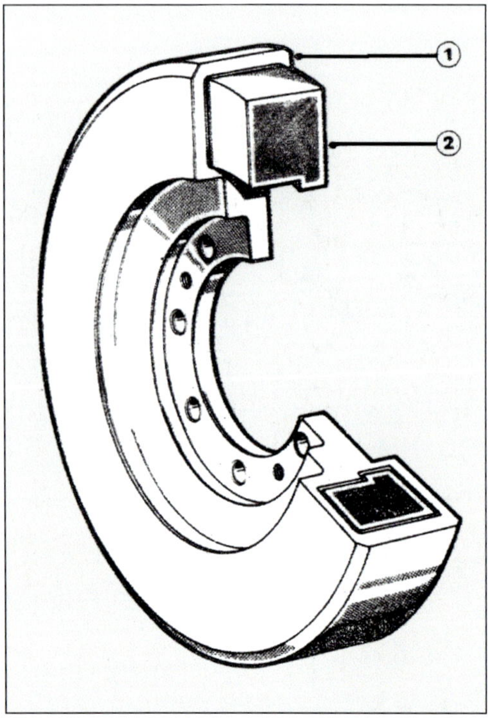

Der Schwingungsdämpfer besteht aus dem Dämpfergehäuse (1) und dem inneren Schwungring (2), der sich frei in einem Silikonölbad bewegen kann. Das Gehäuse ist fest mit der Kurbelwelle verschraubt. Im Schwingungsfall dämpft die Trägheit des inneren Rings.

Zeichnung: MTU, Sammlung Jochen Frickel

3.3.5.7 Die Steuerung

Sie ist für das Befüllen und Entleeren des Brennraumes mit Kraftstoff, Luft und Abgasen zuständig. Sie unterscheidet sich bei Zwei- oder Viertaktmotoren sehr.
Der Viertaktmotor wird von der mit der Kurbelwelle verbundenen Nockenwelle gesteuert. Zu den wichtigsten Teilen der Steuerung gehören die Ein- und Auslassventile, die Stößelstangen und die Kipphebel.
Die Nockenwelle treibt die Stößelstangen an, die das Öffnen und Schließen der Ventile steuern. Die Form der Nocken bestimmt den Zeitpunkt des Öffnens und Schließens der Ventile. Jedes Ventil wird von einer eigenen Nocke angesteuert. Die Stößelstange überträgt die Bewegung auf den Kipphebel, der auf den Ventilschaft drückt. Zwischen Kipphebel und Ventilschaft muss ein geringes Spiel berücksichtigt werden, da sich bei Betriebstemperatur der Schaft ausdehnt. Das Schließen der Ventile besorgen Ventilfedern.
Beim Zweitaktverfahren steuern die Kolben das Ein- und Ablassen der Frischluft beziehungsweise der Abgase durch seitliche Schlitze.

Das Ausbesserungswerk Bremen ist eine der Hochburgen der DB AG für Diesellokomotiven. Die Hallen sind meist gut gefüllt mit Lokomotiven, die Schäden haben oder sich einer Untersuchung unterziehen müssen.

3.3.5.8 Zündfolge

Bei mehrzylindrigen Motoren arbeiten die einzelnen Zylinder nicht synchron, sondern jeder einzelne befindet sich in einem anderen Takt. Die Kurbelwelle ist gekröpft und sorgt so für eine gleichmäßige Verteilung der Arbeitshübe. Die Form der Nockenwelle steuert nicht nur den Zeitpunkt des Öffnens und Schließen der Ventile, sondern auch die Zündfolge. In einem Sechszylinder-Reihenmotor zünden die Zylinder nicht nacheinander von eins bis sechs, sondern beispielsweise in der Folge eins, fünf, drei, sechs, zwei, vier.

3.4 Verbrennung und Gemischbildung

Der in einem Verbrennungsmotor eingesetzte Kraftstoff enthält chemische Energie. Diese Energie kann man durch eine Verbrennung beziehungsweise Oxidation freisetzen und nutzbar machen. Die bei der Verbrennung entstehende Wärme wird unter Umgehung eines Arbeitsmediums wie etwa bei der Dampflok direkt in mechanische Arbeit umgesetzt. Bei der Verbrennung wird ein Gemisch von Kohlenwasserstoffen mit Hilfe des Luftsauerstoffs im optimalen Fall zu

Die Verbrennung und Gemischbildung überwacht bei modernen Motoren, wie diesen MTU-Aggregaten aus der aktuellen Produktion, das elektronische Motormanagement.

Alte Lokomotiven müssen nicht gleich zum alten Eisen gehören. Die Firma »OnRail« modernisierte unter anderem ehemalige 216 der DB AG, die dabei mit modernen MTU-Motoren remotorisiert und als DH 1504 bezeichnet wurden. Die ehemalige 216 111 wurde zur neuen Lok acht der Moerser NIAG.
Foto: Marcus Henschel

Kohlendioxid und Wasser oxidiert.
Eine bestimmte Menge Kraftstoff erfordert deshalb auch eine definierte Mindestmenge Luft, um eine vollständige Verbrennung zu erzielen.
An dieser Stelle lohnt es sich, den Verbrennungsvorgang des Dieselmotors mit dem des Ottomotors zu vergleichen, um seine Besonderheit darzustellen:
Betrachtet man die beiden Motorbauarten, so unterscheiden sie sich nicht nur bei den eingesetzten Kraftstoffen, sondern vor allem beim Verbrennungsablauf.
Beim Ottomotor wird das Gemisch aus Luft und vergastem Kraftstoff außerhalb des Brennraumes gebildet. Man nennt das auch äußere Gemischbildung. Im Dieselmotor dagegen wird der Kraftstoff in die bereits hochverdichtete Luft eingespritzt (innere Gemischbildung).
Untersucht man die beiden Gemische etwas genauer, so kann man erkennen, dass beim Ottomotor vor der Zündung ein homogenes Gemisch im Brennraum vorhanden ist, während der Dieselkraftstoff lokal konzentriert in feinstverteilten, mikroskopisch kleinen Tröpfchen im Brenn-

raum vorliegt, die wiederum von verdampftem Kraftstoff umgeben werden. Das Gasgemisch des Ottomotors wird von außen elektrisch mit einer Zündkerze gezündet, vorausgesetzt das Kraftstoff-Luft-Verhältnis hat eine zündfähige Konzentration. Beim Dieselmotor müssen sich die Kohlenwasserstoffe in der sehr heißen Luft selbst entzünden. Der Dieselmotor benötigt bei der Verbrennung einen Luftüberschuss, also mehr als die theoretisch erforderliche stöchiometrische Menge.

Diese Unterschiede der beiden Verbrennungsmotoren haben Konsequenzen: Die Leistungsabgabe wird beim Dieselmotor über die eingespritzte Kraftstoffmenge in eine konstante Luftmenge gesteuert, man spricht von der Qualitätssteuerung und beim Ottomotor wird durch die so genannte Quantitätssteuerung die Gemischmenge beeinflusst. Die Art und Weise der Gemischbildung sowie der Zündung stellen bestimmte Anforderungen an die Eigenschaften der Kraftstoffe. Ottokraftstoff muss zündunwillig sein, damit es nicht zu verfrühten Selbstzündungen und somit unkontrollierten Verbrennungen kommt. Das Gegenteil gilt für den Dieselkraftstoff, er soll ja im Moment des Einspritzens gleich zünden.

Ottokraftstoffe sind kurzkettige Kohlenwasserstoffe (KW) mit fünf bis zehn Kohlenstoffatomen, die chemisch relativ stabil sind. Dieselöl ist ein Gemisch längerer KW mit zehn bis 30 Kohlenstoffatomen, die zum Zerfall neigen und dabei freie Radikale bilden, die für den Verbrennungsprozess wichtig sind. Der Zeitraum zwischen Beginn der Einspritzung und Zündung ist der so genannte Zündverzug.

Ein Blick auf den Verbrennungsprozess lässt den Vorgang besser verstehen: Der Dieselkraftstoff wird mit hohem Druck in die verdichtete Luft eingespritzt und dadurch feinst zerstäubt. Die Durchmesser der Tröpfchen betragen nur wenige Mikrometer (10^{-6}m). Ihre Oberfläche verdampft und entzündet sich, da sie mit dem Luftsauerstoff in Berührung kommt. Im Inneren des Öltröpfchens steigt nun die Temperatur. Das führt dazu, dass die langkettigen Molekülketten in kürzere zerfallen, die zündunwilliger sind. Die Verbrennung verlangsamt sich und bleibt dadurch kontrolliert und erfolgt nicht explosionsartig. Der Zerfall der Ketten in den Tröpfchen kann sogar so weit gehen, dass am Schluss Kohlenstoffatome vorliegen, die unter Umständen nicht verbrannt werden. Der Motor beginnt zu rußen. Aber nach Möglichkeit sollte es nicht so weit gehen.

Ziel ist es, einen optimalen zeitlichen Verlauf der Verbrennung im Dieselmotor zu erzeugen. Verbrennt am Anfang der Zündung zu schnell zu viel Kraftstoff, wird der Motor aufgrund hoher Drücke mechanisch sehr beansprucht und ist laut. Die Verbrennung sollte langsam beginnen, die Geschwindigkeit aber so ansteigen, dass die erforderliche Wärme erzeugt wird und der Kraftstoff vollständig verbrennt. Bei langsamlaufenden Motoren lässt sich der Einspritzvorgang noch zeitlich gut kontrollieren, bei schnelllaufenden Motoren ist die momentan eingespritzte Kraftstoffmenge sehr groß. Man könnte versuchen, eine frühzeitige Molekülspaltung einzuleiten, die die Verbrennungsgeschwindigkeit senkt, aber das würde unter Umständen wieder zu Rußbildung führen. Schließlich kann man noch versuchen, den Sauerstoffkontakt des Brennstoffs durch spezielle Verwirbelungen zu steuern.

3.4.1 Direkteinspritzung

Der Kraftstoff wird von einer Mehrlocheinspritzdüse in eine speziell geformte Mulde im Kolben gespritzt. Das führt zu einer starken Verwirbelung der Luft und einer guten Kraftstoffverteilung. Dieses Verfahren ermöglicht einen relativ geringen Kraftstoffverbrauch, eine gemäßigte thermische Belastung der Brennkammerwände, und überdies ist bis etwa -15°C keine Anlasshilfe notwendig. Allerdings liegt durch einen schnellen Druckanstieg eine hohe mechanische Belastung vor,

Moderne Lokomotiven wie die Baureihe G 2000 mit dem auffälligen asymmetrischen Führerstand von MaK-Vossloh haben direkteinspritzende Motoren.

der Motor ist laut und sehr von der Qualität des Kraftstoffs abhängig, da der Zündverzug klein sein muss. Moderne Dieselmotoren sind in der Regel Direkteinspritzer. Die Nachteile der Direkteinspritzer konnten durch technischen Fortschritt kompensiert werden.

3.4.2 Indirekte Einspritzung

Von einer indirekten Einspritzung spricht man, wenn das explosive Gemisch außerhalb der Brennkammer in einer Vor- oder Wirbelkammer gezündet wird. Diese Vorkammern haben ein Volumen von 25 bis 60 Prozent der eigentlichen Brennkammer. In ihnen herrschen sehr hohe Temperaturen, die für einen kurzen Zündverzug sorgen und zu einer schnellen Spaltung der Molekülketten führen. Gleichzeitiger Luftmangel führt zu einer langsamen Vorverbrennung in der Nebenkammer, in der der Druck stark ansteigt. Der Druckanstieg treibt das Gemisch in den Hauptbrennraum, wo die Restverbrennung unter starker Wirbel- und ohne Rußbildung stattfindet.

Ein Nebenkammermotor ist nicht so stark von einer bestimmten Kraftstoffqualität abhängig. Er kann unter speziellen Voraussetzungen auch als Vielstoffmotor betrieben werden. Die Verbrennung läuft schonender ab und die mechanische Belastung ist geringer. Der Motor ist leiser. Derartige Motoren haben jedoch einen höheren spezifischen Kraftstoffverbrauch und sie benötigen eine Starthilfe in Form einer Glühkerze. Besonders der leisere Lauf machte Nebenkammermotoren früher gerade für den Pkw-Einsatz interessant.

3.4.3 Die Einspritzanlage

Zur Einspritzanlage gehören im Wesentlichen die Einspritzdüse und die Einspritzpumpe. Moderne Einspritzanlagen jagen den Kraftstoff mit einem Druck von bis zu mehreren 100 bar in den Brennraum. Bei schnelllaufenden Dieselmotoren sind diese Drücke schon deshalb erforderlich, weil in der sehr kurzen zur Verfügung stehenden Einspritzphase in Sekundenbruchteilen möglichst große Kraftstoffmengen in den Zylinder gelangen müssen. Der hohe Druck ist auch verantwortlich für die angestrebte feinste Zerstäubung des Dieselkraftstoffs.

Rudolf Diesel stand diese Technik noch nicht zur Verfügung. Auch wenn Diesel bereits die Hochdruckeinspritzung anstrebte, war es zu seiner Zeit nicht möglich, eine ausreichend präzise Einspritzpumpe zu bauen. In seinen ersten betriebsfähigen Motor musste er den Kraftstoff mittels Druckluft einspritzen. Der Dieselkraftstoff ist dabei im Einspritzventil vorgelagert, und Pressluft mit einem Druck von zirka 70 bar bläst ihn in den Zylinder. Bis Mitte der 20er-Jahre war dieses Verfahren üblich. Danach hatte sich die Hochdruckeinspritzung, die etwa seit dem Ersten Weltkrieg bekannt war, endgültig durchgesetzt.

Das Einspritzsystem muss die erforderlichen hohen Drücke erzeugen und die vom Motorregler vorgegebene Dosierung gewährleisten. In einem engen Zeitfenster muss der Kraftstoff präzise zum richtigen Zeitpunkt eingespritzt und nach vorgegebener Zeit die Einspritzung abgebrochen werden. Bei verschiedenen Motortypen gibt es zudem noch spezielle Einspritzphasen (Voreinspritzung, Haupteinspritzung).

Es gibt unterschiedliche Formen von Einspritzsystemen: Reiheneinspritzpumpen, die einen ganzen Motor mit Kraftstoff versorgen. Dieses System wird problematisch bei größeren Motoren. Wenn die Förderleitungen zu lang werden, kann es zu Einspritzproblemen kommen. Großmotoren erhalten deshalb häufig Einzeleinspritzpumpen. Bis zu acht Zylinder eines Reihenmotors können jedoch von einer so genannten Blockeinspritzpumpe versorgt werden. Bei einem V-Motor bietet sich die Blockeinspritzpumpe für jeweils eine Seite des Motors an, so können insgesamt bis

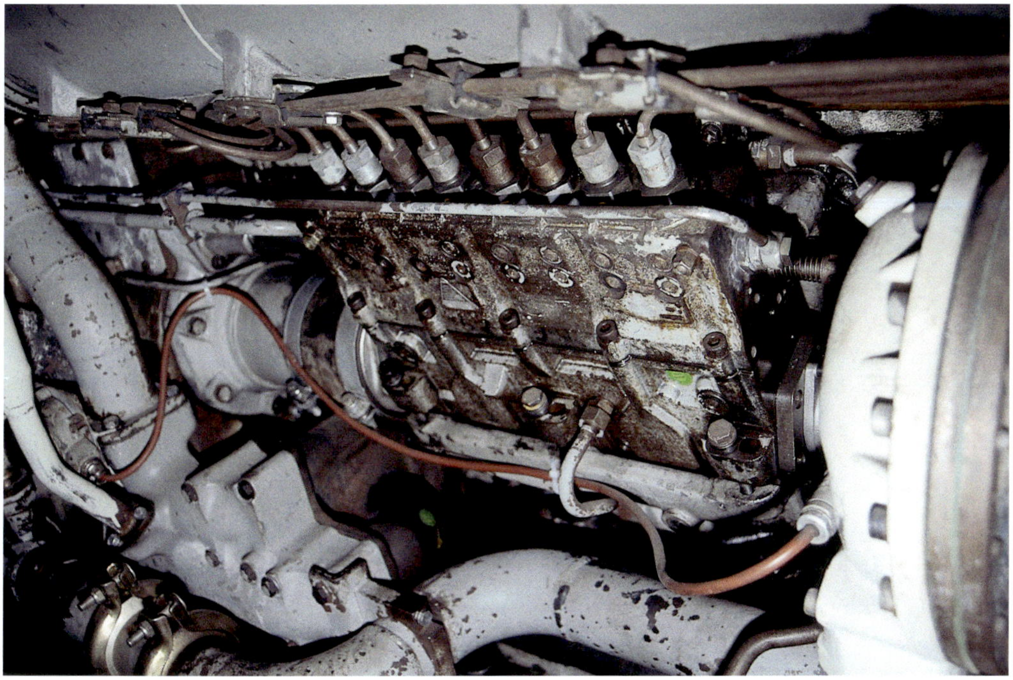

Eine Bosch-Blockeinspritzpumpe versorgt eine Zylinderreihe des 16-Zylindermotors MB 16V 652 TB von MTU, der in der 753 001 (ex 217 001) eingebaut ist.

zu 16 Zylinder von zwei Blockeinspritzpumpen bedient werden.

Eine solche Pumpe wird vom Motor angesteuert. Sie besitzt eine eigene Nockenwelle mit je einem Nocken für jedes einzelne Pumpenelement; jeder Zylinder hat so sein eigenes Pumpenelement. Die Einspritzpumpe selbst ist eine einfache Kolbenpumpe. Durch die Form des Kolbens, die gekennzeichnet ist durch schräge Steuerkanten, werden Einspritzverlauf und die –menge bestimmt. Mit einer zusätzlichen Zahnstange, die den Kolben um seine Längsachse dreht, wird die Lage der Steuerkanten entsprechend der Bedürfnisse verstellt.

Geht der Nocken für ein Pumpenelement nach unten, bewegt sich der Pumpenkolben nach unten und saugt Kraftstoff an. Wenn die Pumpennockenwelle den Kolben hebt, fließt das Dieselöl vom so genannten Saugraum in den Pumpraum und es beginnt der Aufbau des Druckes. Bei ausreichendem Druck öffnet sich ein Ventil und der Kraftstoff gelangt zur Einspritzdüse, und nach Überwindung des dort eingestellten Federdruckes beginnt nach der Öffnung der Düsennadel die Einspritzung in den Zylinder. Der Druck, mit dem der Diesel in den Brennraum gelangt, beträgt bei Blockeinspritzpumpen bis zu mehreren 100 bar.

Die Motorenentwicklung hin zu schnelllaufenden Dieselmotoren verkürzte immer mehr die Phase vom Förderbeginn des Kraftstoffs bis zum Förderende. Je höher die Drehzahl, desto entscheidender wurde dieser extrem kurze Zeitraum. Der Förderbeginn muss deshalb bei schnelllaufenden Motoren mit steigender Drehzahl vorverlegt werden. Bei älteren mechanisch geregelten Motoren übernahmen diese Aufgabe Spritzversteller, die zwischen der Antriebswelle, die die Drehzahl des

Motors vorgab, und der Nockenwelle der Einspritzpumpe zwischengeschaltet wurden. Dieser Spritzversteller, der auch mit einer Art Fliehkraftregelung wie der Motorregler arbeitet, kann bei steigender Motordrehzahl den Einspritzzeitpunkt zeitlich nach vorne verlegen. Heutzutage wird der Zeitpunkt des Einspritzbeginns und –endes elektronisch gesteuert.

Moderne schnelllaufende Dieselmotoren verzichten immer mehr auf die Blockpumpe. Die geforderten Einspritzdrücke gerade bei direkteinspritzenden Motoren können auf diese Weise nicht erreicht werden, und der Förderverzug langer Einspritzleitungen ist mit Blockpumpen nicht zu verhindern. Aktuelle Großmotoren setzen deshalb auf neue Einzeleinspritzanlagen, das so genannte Pumpe-Düse-System oder die seit wenigen Jahren aufgekommene Common-Rail-Einspritzung. Sowohl Pumpe-Düse als auch Common-Rail sind moderne, vor allen Dingen elektronisch geregelte Einspritzanlagen. Beim Pumpe-Düse-System wird die Einspritzeinheit immer noch von der Motornockenwelle angetrieben, aber ein schnellschaltendes Magnetventil regelt Einspritzbeginn und –ende. Die Schaltimpulse des Ventils werden von einem elektronischen Steuergerät gegeben. Aus dem Automobilbau ist der Begriff Common-Rail inzwischen in den Alltagssprachgebrauch eingezogen. Die Common-Rail-Technik ist ein Speichereinspritzsystem für direkteinspritzende

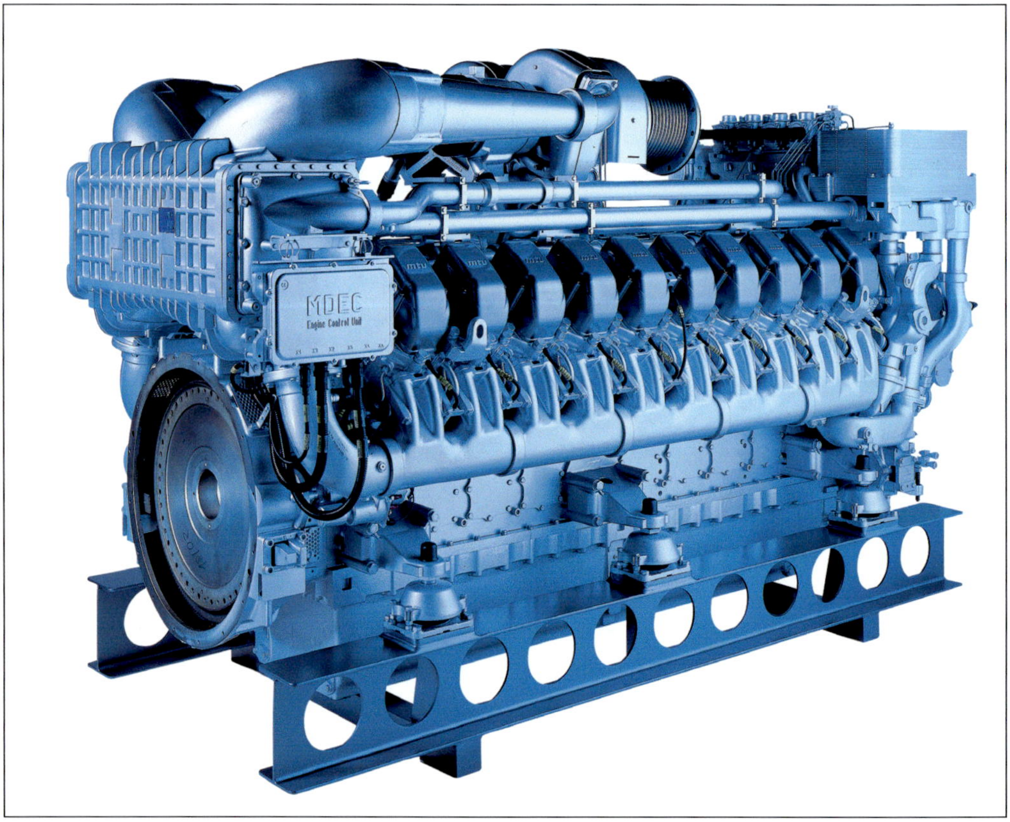

Der MTU 20V 4000 mit Common-Rail-Direkteinspritzung ist mit einer Leistung von 2700 kW zur Zeit der stärkste schnelllaufende Lokomotiv-Dieselmotor der Welt siner Art. Foto: MTU

Dieselmotoren und erlaubt Einspritzdrücke von bis zu 1400 bar. Eine Hochdruckpumpe setzt in einem gemeinsamen Speicher für alle Zylinder den Kraftstoff unter extrem hohen Druck, und elektromagnetische Einspritzventile führen den Dieselkraftstoff den einzelnen Zylindern zu. Der Vorteil ist, dass Einspritzdruck und –zeitpunkt frei wählbar sind und nicht mehr fest von der Bewegung eines mechanischen Systems wie der der Nockenwelle abhängen. Die elektronische Steuerung erlaubt eine bestmögliche Steuerung des Einspritzzeitpunkts und der – menge und trägt dadurch zur optimalen Kraftstoffausbeute, geringem Verbrauch und verbesserten Abgaswerten bei.

Neben dem Pumpensystem ist die Gestaltung der Einspritzdüse von entscheidender Bedeutung. Sämtliche Elemente des Einspritzsystems, vor allem die Pumpen- und Ventilbauteile, sind Präzisionsgeräte, die eine sehr hohe Fertigungsgenauigkeit verlangen.

3.5 Die Motorregelung

Eines der wichtigsten Bauteile des Dieselmotors ist der Regler. Er bestimmt die Maximaldrehzahl des Motors und verhindert die Übertourung, daneben regelt er auch die Leerlauf- oder Mindestdrehzahl. Und zwischen den beiden Grenzdrehzahlen steuert er die Bereitstellung aller erforderlichen Leistungsstufen. Die Leistung, die ein Dieselmotor zur Verfügung stellen kann, ist abhängig von der eingespritzten Kraftstoffmenge. Deshalb wirkt der Regler direkt auf die Einspritzpumpe. Und so werden auch die Leerlaufdrehzahl und die Maximaldrehzahl über die bereitgestellte Menge an Dieselkraftstoff eingestellt. Der Regler muss aber auch automatisch auf bestimmte Fahrsituationen wie etwa Bergfahrt, große oder kleine Zuglast und ähnliches reagieren. Bei Dieselmotoren für Schienenfahrzeuge gibt es unterschiedliche Reglerbauformen. Sie können mechanisch, hydraulisch oder elektronisch sein.

Der Motorregler eines TB 11 (12 V 956) von MTU an Bord einer 218.

Mechanische Regler sind als Fliehkraftregler ausgeführt. Der Regler ist mit dem Drehzahlmesser und der Einspritzpumpe verbunden. Je höher die Motordrehzahl, desto weiter werden die Gewichte des Fliehkraftreglers nach außen gedrückt. Den Fliehgewichten wirken Federn entgegen. So stellt sich jederzeit ein Gleichgewicht aus Flieh- und Federkraft ein, das einer bestimmten Motordrehzahl entspricht. Über ein Hebelsystem wird die jeweilige Einstellung an die Einspritzpumpe weitergegeben.

Auch 218 473, die hier gerade zur König-Ludwig-Lok umgespritzt wird, hat eine drehzahlabhängige Motorregelung. Foto: Axel Kiebler

Im Betrieb findet ein ständiges Geben und Nehmen statt. Steigt die Drehzahl des Motors ein wenig, so wird die eingespritzte Kraftstoffmenge automatisch reduziert und die Drehzahl sinkt. Sinkt die Drehzahl, gehen die Fliehgewichte nach innen und der Regler erhöht die Einspritzmenge wieder, bevor die Motordrehzahl zu stark abfällt. Dieses permanente Spiel zwischen mehr und weniger Kraftstoffzufuhr findet fast unmerklich statt und sorgt für die gleich bleibende Drehzahl.

Die abgegebene Leistung eines Dieselmotors hängt vor allem von der Drehzahl ab. Je höher die Drehzahl, desto größer auch die abgegebene Leistung, vorausgesetzt, es wird die maximale Kraftstoffmenge eingespritzt. Dies gilt nicht für das abgegebene Drehmoment! Das Drehmoment des Motors ist über den gesamten Drehzahlbereich relativ konstant.

Die Art der Drehzahlregelung ist abhängig von der Kraftübertragungsanlage. Im Fall der mechanischen Leistungsübertragung, bei der Motor und Radsatz fest verbunden sind, hängen Geschwindigkeit und Drehzahl direkt voneinander ab. Die Höchstgeschwindigkeit wird bei der Maximaldrehzahl erreicht. Fährt ein solches Fahrzeug in eine Steigung und wird dabei langsamer, sinkt unmittelbar die Motordrehzahl. Deshalb muss der Lokführer bei einem solchen dieselmechanischen Triebfahrzeug die Kraftstoffzufuhr beeinflussen können. Er muss Gas geben können. Dafür benötigt er einen so genannten Füllungsregler. Bei der Füllungsregelung begrenzt der Drehzahlregler die Leerlauf- und die Maximaldrehzahl und dazwischen wirkt das Gaspedal oder der Fahrschalter direkt auf die Regelstange der Einspritzpumpe und kontrolliert so die Kraftstoffmenge. Die zugehörige Motordrehzahl stellt sich danach automatisch ein.

Ein anderer Weg ist die so genannte Drehzahlregelung. Auch hier wird die Kraftstoffmenge verändert, aber nicht über direkte Einwirkung auf die Einspritzpumpe. Bei dieser Regelart werden die Federn des Fliehkraftreglers beeinflusst. Ihre Spannung gibt den möglichen Weg der Fliehgewichte vor. Dadurch, dass das Spiel zwischen Fliehgewichten und Federn fixiert wird, regelt sich automatisch eine feste Drehzahl ein. Der Regler sorgt dann für die erforderliche Kraftstoffmenge zur Einhaltung der vorgegebenen Drehzahl. Diese Drehzahlregelung funktioniert nur bei entkoppelter, also dieselhydraulischer oder elektrischer Leistungsübertragung. Eine derartige Drehzahlregelung ist zum Beispiel in der Baureihe 218 eingebaut, bei der das Aufschalten einer höheren Fahrstufe einer Drehzahlsteigerung um 50 Umdrehungen pro Minute entspricht.

3.6 Das Schmiersystem

Die Schmierung des Motors mit Öl ist ein unverzichtbarer Vorgang. Vor dem Start wird zunächst der Motor geschmiert und es gibt eine Sicherung, die ausschließt, dass bei unzureichendem Öldruck der Diesel gestartet werden kann. Die Schmierung dient nicht nur der Verminderung von mechanischer Reibung und der Verlängerung der Lebensdauer des Motors. Das Öl sorgt auch für einen Abtransport der Wärme und schützt die Lager außerdem vor der Überhitzung und dem Schmelzen. Aus der Ölwanne fördern Pumpen das Schmieröl und spritzen es an alle Stellen, wo Kühlung oder Schmierung nötig ist: Zylinderwand, Pleuellager, Nocken- und Kurbelwelle. Die Kurbelwelle ist hohl; durch ihr Inneres wird Schmieröl zu den Pleuellagern gefördert. Durch das hohle Pleuel gelangt das Öl wiederum zum Kolbenbolzen und an die Unterseite des Kolbens. Sämtliche Steuerbauteile wie Nockenwelle, Kipphebelwellen, Motorregler und Abgasturbine sind über Verteilerleitungen in den Schmierölkreislauf eingebunden. Bei der Druckumlaufschmierung läuft das Öl automatisch in die Ölwanne zurück. Es läuft in einem Kreis, in den auch ein Ölfilter integriert ist, der Verunreinigungen aussiebt, die zu Beschädigungen führen könnten. Zur

Wärmeabgabe ist das Schmierölsystem über Wärmetauscher mit dem Kühlwasserkreislauf verbunden.
Schmierölvorpumpen bauen einen Schmieröldruck auf, der vor allen Dingen sicherstellt, dass Kurbelwellen- und Pleuellager ausreichend geschmiert sind. Die Überwachung des Öldrucks ist eine der wichtigsten Sicherungseinrichtungen, da der Betrieb ohne Schmierung unweigerlich zu einem schweren Motorschaden führen würde.

3.7 Die Aufladung und die Ladeluftkühlung

Nahezu alle modernen Dieselmotoren nutzten die Abgasturboaufladung inklusive Ladeluftkühlung. Die Luftmenge bestimmt die Dieselkraftstoffmenge, die im Zylinder verbrannt werden kann. Um die Motorleistung zu steigern, muss die Luftmenge durch Kompression erhöht werden. Genau das geschieht bei der Abgasturboaufladung. Mit ihrer Unterstützung kann ein kleiner Motor eine bedeutend größere Leistung erbringen. Die Turboaufladung kann die Leistung eines Motors mehr als verdoppeln. Allerdings muss Platz für eine relativ große Einrichtung im zur Verfügung

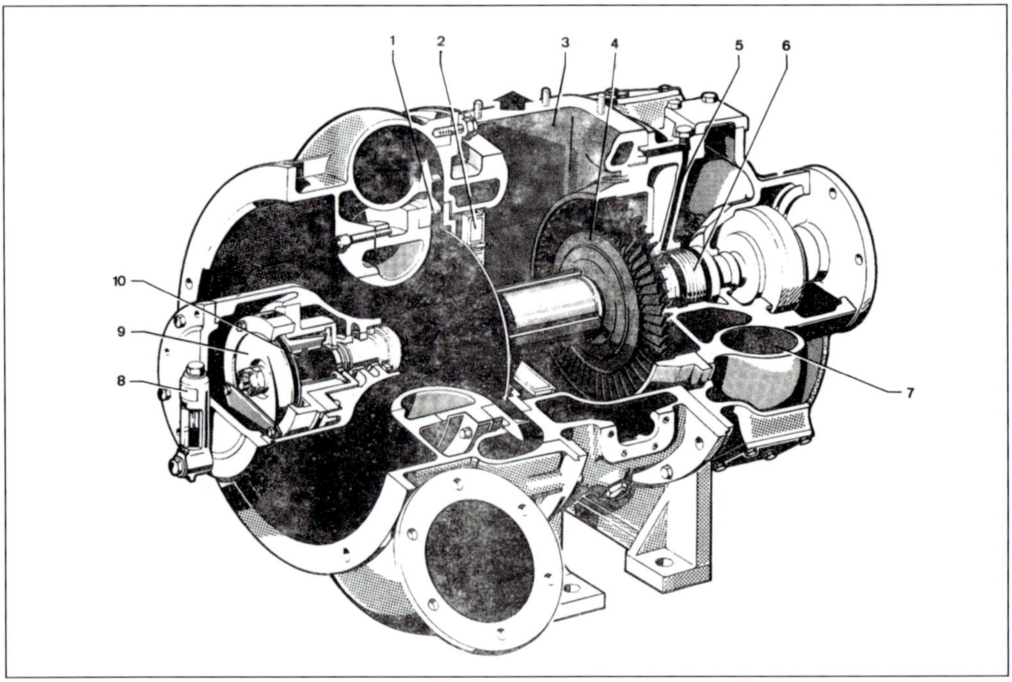

BBC-Abgasturbolader: 1. Verdichter- und Vorschaltrad, 2. Wärmeschutzisolierung, 3. Abgas-Austrittsgehäuse, 4. Turbinenläufer, 5. Sperrluftkanal, 6. Labyrinthabdichtung, 7. Abgas-Eintrittsgehäuse, 8. Ölstandsschauglas, 9. Ölschleuderrad, 10. Lager Zeichnung: MTU, Sammlung Jochen Frickel

stehenden Einbauraum vorhanden sein. Die Gewichtszunahme des Motors durch die Ladegruppe ist vernachlässigbar.
Es gibt zwei unterschiedliche Bauformen der Abgasturbolader: Lader mit Stoß- oder mit Stauaufladung. Bei der Stauaufladung werden die ausgeschobenen Abgase der Motorzylinder in einem hinreichend großen Sammelbehälter vereint, bevor sie bei relativ gleich bleibendem Druck durch den Abgasturbolader strömen. Bei der Stoßaufladung hat jeder Zylinder oder geeignete Gruppen von Zylindern, die sich im selben Takt befinden, eine eigene Abgasleitung, die mit der Turbine verbunden ist. Im Moment des Abgasausstoßes gelangt das Gas unmittelbar zur Turbine und so kann die kinetische Energie der heißen Luft ausgenutzt werden.
Turbine und Pumpe des Abgasturboladers sind nicht mit dem Motor gekoppelt. Ein Problem ist, dass die Effektivität des Turboladers mit der Motorleistung zunimmt, da auch mehr Abgas gebildet wird. Bei niedrigen Motordrehzahlen und geringerer eingespritzter Kraftstoffmenge hingegen sinkt auch der Ladeluftstrom. Außerdem reagiert der Turbolader verzögert bei einer Drehzahlerhöhung des Motors, wodurch kurzfristig ein Luftmangel im Motor entstehen kann.
Es gibt auch die mechanische Aufladung, bei der die Laderturbine unmittelbar mit der Kurbelwelle verbunden ist und jede Drehzahlerhöhung des Motors umgehend eine Erhöhung der Ladeluftmenge zur Folge hat. Der Nachteil der mechanischen Aufladung ist, dass nicht die Abgasenergie zur Ladung genutzt wird, sondern die Aufladung auf Kosten der Motorleistung geht. Häufig kommen auch zweistufige Ladersysteme zum Einsatz. Besonders effektiv ist die zweistufige Registeraufladung. Im Teillastbereich mit geringerer Abgasenergie wird nur ein Lader eingesetzt. Der zweite Lader wird bei entsprechendem Abgasstrom zugeschaltet.
Einen weiteren leistungssteigernden Trick wenden die Ingenieure zusätzlich an: Die Ladeluftkühlung. Die Frischluft wird durch die Aufladung erwärmt und, um noch mehr Luft in die Zylinder pressen zu können, wird sie im Ladeluftkühler nochmals gekühlt.

Turbolader und Ladeluftkühlgruppe (re.) in einer Baureihe 217.

Den Grad der Turboaufladung bestimmt weniger die Turboanlage, sondern vielmehr die Standfestigkeit der Zylinderbauteile. Durch den erhöhten Ladedruck und die größere eingesetzte Kraftstoffmenge steigen die thermischen und mechanischen Belastungen von Laufbuchse, Zylinderkopf, Kolben und allen anderen beteiligten Teilen erheblich, so dass der Ladedruck nicht beliebig erhöht werden kann.

3.8 Das Kühlsystem

Rund zwei Drittel der aus dem Kraftstoff freigesetzten Energie gehen ungenutzt in Form von Wärme verloren. Diese direkt im Motor entstehende Wärme muss permanent abgeführt werden. Ungefähr 30 Prozent verlassen die Lok mit den heißen Abgasen, ein kleiner Anteil wird in Form von Wärmestrahlung unmittelbar an die Umgebung abgegeben. Etwa 30 Prozent der Wärme werden über den Motorkühlkreislauf abgeführt.
Aber nicht nur der Motor wird im Betrieb warm und erfordert Kühlung. Das gilt auch für das Getriebeöl bei der dieselhydraulischen Kraftübertragung, das Schmieröl und bei der diesel-

BR 260/261 Anordnur

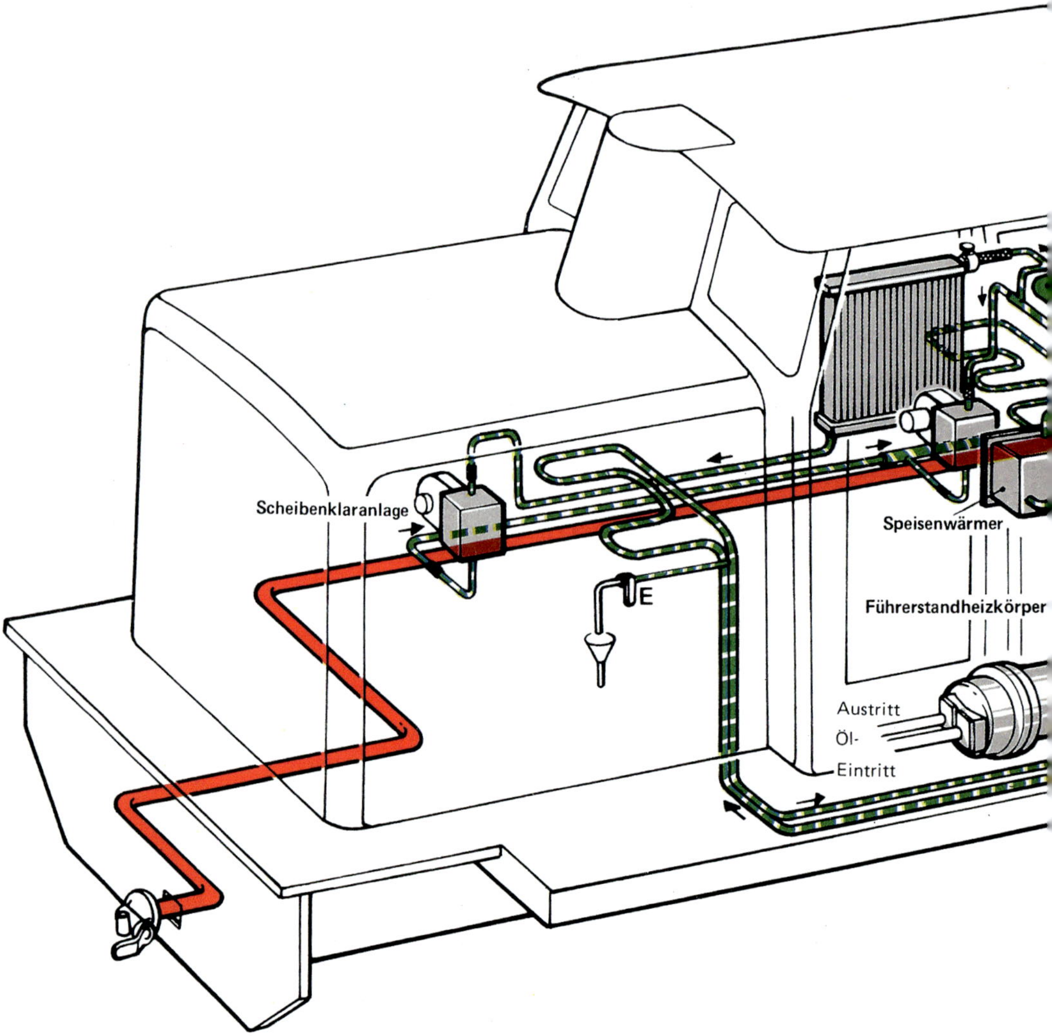

…er Kühlanlage (Raumansicht)

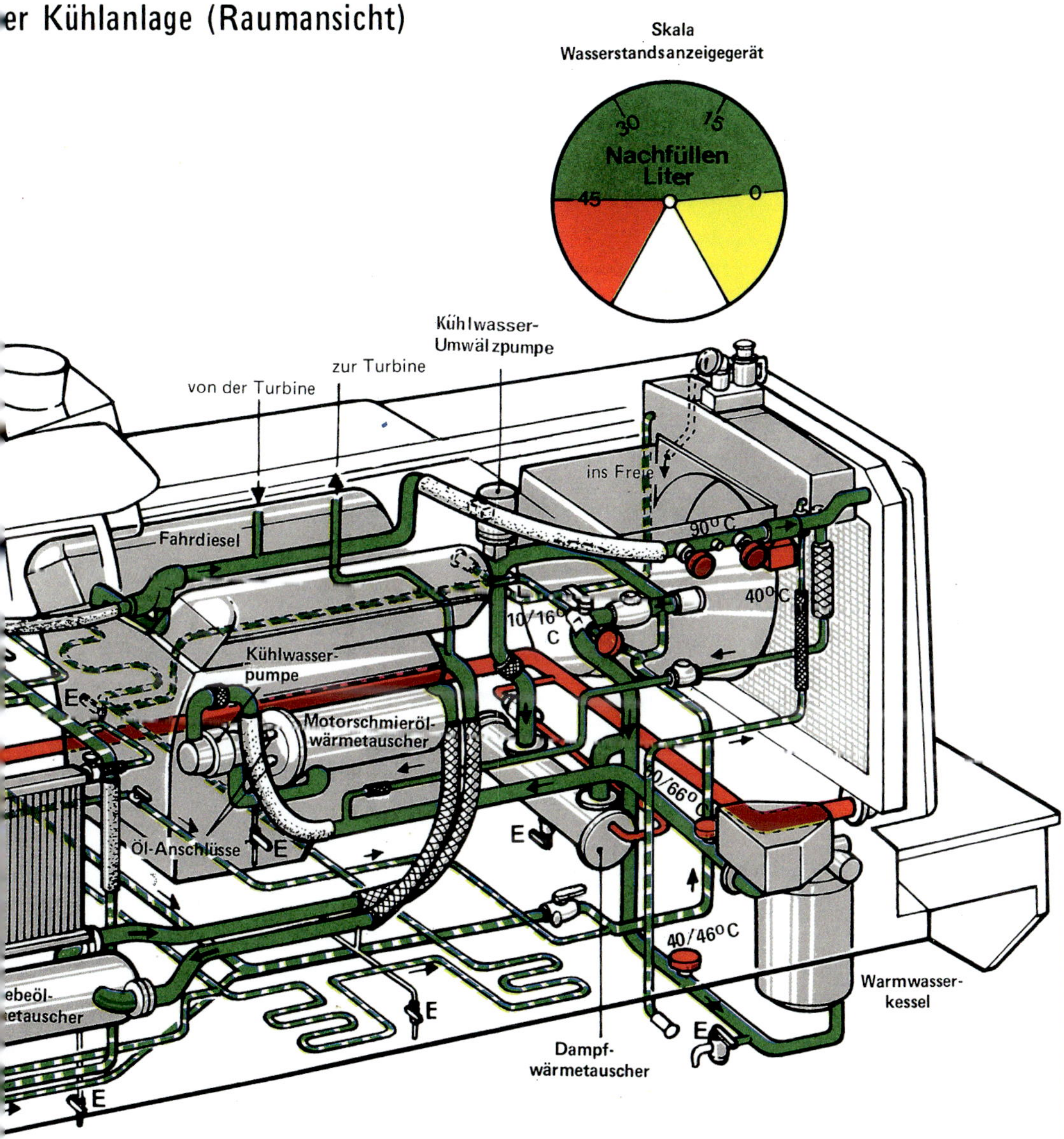

Kühlwasserkreislauf der Baureihe 260/261.

Zeichnung: Sammlung Axel Kiebler

elektrischen Leistungsübertragung müssen die elektrischen Bauteile wie Motoren, Generatoren und Wechselrichter gekühlt werden.
Es gibt zwei Hauptkühlverfahren: Die Luftkühlung mit Gebläsen und die Wasserkühlung mit Kühlwasserkreisläufen.
Bahndieselmotoren sind in den seltensten Fällen luftgekühlt. Der Grad der möglichen Luftkühlung ist abhängig von der überstrichenen Motoroberfläche. Zur Vergrößerung der Oberfläche erhält der luftgekühlte Motor Kühlrippen. Die Luftkühlung ist zwar einfach, wartungsarm und kaum störanfällig, beansprucht zudem wenig Platz, und belastet das Fahrzeuggewicht nicht, aber ab etwa einer Motorleistung von mehr als 100 kW reicht die Kühlleistung der Umgebungsluft alleine nicht aus. Trotzdem ist jeder Dieselmotor über seine unmittelbare Umgebung immer auch luftgekühlt.
Die innere Kühlung des Motors übernimmt das Schmiersystem. Die Wärmekapazität des Schmieröls reicht jedoch auch nicht alleine, um die anfallende Motorwärme in ausreichendem Maß abzuführen. Deshalb werden Verbrennungsmotoren für Schienenfahrzeuge zusätzlich mit einem wassergefüllten Kühlkreislauf ausgestattet, der wesentlich effektiver ist. Die Wärme wird so gezielt an den Orten abgeführt, wo sie entsteht.
Eine mit dem Motor über Keilriemen oder Zahnräder verbundene Kühlwasserpumpe fördert das Wasser durch den Motor. Dort strömt es in eigenen Kanälen an den Laufbüchsen vorbei und durch den Zylinderkopf.
In den gesamten Kühlwasserkreislauf ist meist auch noch die Ladeluftkühlung, die Getriebe- und Schmierölkühlung integriert. Zur Kühlung des Getriebe- und Schmieröls werden Wärmetauscher eingesetzt: Das Kühlwasser strömt durch einen Behälter, in dem das Öl durch Rohrschlangen geführt wird. Im Betrieb sorgen die Wärmetau-

Bei der Voith-Lüfteranlage in der Baureihe 218 handelt es sich um einen so genannten A-Lüfter.

scher für Kühlung, sie können aber auch zum Vorwärmen des Getriebe- oder Schmieröls genutzt werden.

Das erwärmte Kühlwasser muss selbst durch die Lüfteranlage wieder abgekühlt werden. Die Kühlwassertemperatur darf ungefähr 90°C nicht übersteigen, um zu gewährleisten, dass das Kühlwasser nicht kocht und Dampf bildet. Wasserdampf würde keine ausreichende Kühlleistung bieten.

Großflächige Wärmetauscher mit zahlreichen Kühlrippen, die als Luftröhren- oder Rippenrohrkühler ausgelegt sind, und große Gebläse führen die vom Wasser aufgenommene Wärme an die Außenwelt ab. Diese großen Kühlanlagen sind oftmals in V-Anordnung und große Lüfterräder sitzen direkt unter dem Dach. Sie saugen die warme Luft aus der Lok. Bei Kühlern in A-Form sitzt das Ventilatorrad mittig unter dem Kühler und bläst die Luft aus dem Lokkasten. Bei Streckendieselloks nehmen diese Dachkühlanlagen zur Kühlwasserkühlung einen erheblichen Anteil des zur Verfügung stehenden Raums ein. Neben den V- oder A-förmigen Kühlern gibt es noch Seitenwandkühler, bei denen beide Seiten des Maschinenraums von Kühlelementen eingenommen werden. Bei Lokomotiven mit Vorbauten und Mittelführerstand ist der Kühler in der Regel in die Stirnfront der Motorseite eingebaut. Diese Stirnkühler saugen die Luft von vorne an und blasen sie seitlich oder nach oben ab. Während Stirnkühler bei einer Fahrt mit dem Kühler voraus noch durch den Fahrtwind unterstützt werden, sieht es bei Rückwärtsfahrt anders aus. Deshalb haben die Maschinen in dieser Bauart meist auch noch weitere seitliche Kühlerelemente.

Das Kühlwasser läuft in einem geschlossenen Kreislauf mit einem Überdruckventil als Sicherung. Dennoch haben Lokomotiven eine Kühlwasserreserve an Bord.

Die Wasserkühlung ist hocheffektiv und sorgt noch für eine erhebliche Dämpfung der Motorengeräusche. Sie muss so dimensioniert sein, dass die Kühlleistung auch bei hochsommerlichen Temperaturen und maximaler Motorleistung ausreichend ist.

Behr-Lüfteranlage einer 218 in V-Form.

Insgesamt wird mit der Wasserkühlung etwa ein Drittel der eingesetzten Kraftstoffenergie ungenutzt an die Umwelt abgeführt!

Der Hauptnachteil der Wasserkühlung ist, dass bei tiefen Temperaturen das Einfrieren des Wassers verhindert werden muss, und dass das Kühlwasser nicht zum Kochen kommen darf. Außerdem beansprucht das aufwändige Kühlsystem einer Diesellok erheblichen Platz im Motorraum und steigert das Fahrzeuggewicht.

3.9 Das Abgassystem

Im Abgasturbolader wird dem verbrannten Kraftstoff die letzte Energie entnommen. Nach dem Verlassen der Laderturbine müssen die immer noch heißen Abgase in die Umwelt geleitet werden. Dafür ist die Abgasanlage zuständig. Neben dem Abführen der stinkenden und nicht unproblematischen Abgase ist eine der Hauptaufgaben des Abgassystems die Schalldämpfung. Dafür ist wie auch bei Pkw kurz vor dem Austritt der Abgase ein Schalldämpfer eingebaut, der mit Hilfe verschiedener physikalischer Effekte versucht, den Geräuschpegel zu senken.

In der Akustik versteht man unter Absorption die unvollständige Reflexion von Schallwellen durch Schall schluckende Materialien. Dieses Phänomen entspricht dem bekannten Unterschied zwischen leeren und eingerichteten Räumen. In einer Wohnung, die mit Teppich ausgelegt ist, wo Vorhänge an den Fenstern hängen und die mit vielen Möbeln voll gestellt ist, wird der Schall bedeutend stärker gedämpft, als in einer völlig leeren Wohnung mit Betonfußboden und nackten Wänden. Die Absorption bewirkt eine Absenkung der Schallamplitude, die maßgeblich für die Lautstärke ist. Andere Methoden sind die Zwangsreflexion der Schallwellen im Dämpfer und der Versuch ihren Austritt zu verhindern sowie die Schallvernichtung durch Resonanz. Die Resonanzminderung funktioniert nach dem Prinzip der Helmholtzresonatoren und wird auch im Automobilbau eingesetzt. Der Schalldämpfer ist dabei in kleine Kammern unterschiedlicher Größen eingeteilt. Die Schwingungen der Motorgeräusche regen die kleinen Kammern, die als Helmholtzresonatoren wirken, zu Eigenschwingungen von sehr tiefer Frequenz an. Die Kammern

Die Abgashutzen der Baureihe 218 sorgen für eine bessere Ableitung der Abgase. Foto: Axel Kiebler

lassen nur diese tiefen Frequenzen passieren und wirken somit als Tiefpassfilter.

In Schalldämpfern werden meist alle drei Methoden zur Lärmminderung eingesetzt. Das liegt auch daran, dass nicht jede Methode zur Schallminderung für alle hörbaren Frequenzbereiche gleichermaßen geeignet ist.

Bei Großdiesellokomotiven befindet sich die Abgasanlage unter dem Dach. Wichtige Kriterien sind ein geringes Gewicht, möglichst kleines Einbauvolumen und eine schwingungsfreie Aufhängung. Die Verbindung zwischen Motor und Abgasleitung muss elastisch sein, da der Dieselmotor im Betrieb vibriert und diese Schwingungen nicht auf den Schalldämpfer übertragen werden dürfen. Außerdem muss die Gesamtanlage den mehrere 100 Grad heißen Abgasen standhalten und gleichzeitig nach außen wärmeisoliert sein, damit es nicht zu einer übermäßigen Aufheizung des Maschinenraums kommt. Dafür werden mehrwandige Rohre benutzt. Innerhalb der Abgasanlage darf es außerdem nicht zum Stau der heißen Luft kommen.

Links: Gut zu erkennen ist die wärmeisolierte Schalldämpferanlage auf dem Dach der im Rohbau befindlichen 2016 der ÖBB.

Auch der Austritt der Abgase in die Umwelt will gestaltet sein, sie sollen nach Möglichkeit nicht durch Verwirbelung sofort wieder in das Triebfahrzeug oder nachfolgende Personenwagen eindringen. Dazu muss die Form der Austrittsöffnung gewährleisten, dass die heißen Abgase die Luftgrenzschicht, die unmittelbar um die Lok strömt, durchstoßen können. Bei verschiedenen Lokomotiven, wie etwa der BR 218 der DB AG, hat man dazu so genannte Hutzen am Abgasaustritt montiert, die dafür sorgen, dass der Dieselqualm seitlich abgeleitet wird. Außerdem wird durch diese Abgasführung auch verhindert, dass Ruß- und Ölpartikel bei Fahrten unter Oberleitung diese zu sehr verschmutzen.

Bei den Gasturbinenloks der Baureihe 210 der Bundesbahn wurde nachträglich eine spezielle Abgashutze angebracht, die dazu diente, die mehrere 100 Grad heißen Turbinenabgase vor allem an der empfindlichen Fahrleitung vorbeizuleiten. Bei einem Probelauf der Turbine im Bw München Hbf, noch ohne Hutze, wurde zuvor einmal die Fahrleitung vor der E-Lokhalle heruntergeschmolzen. Kam die Lok mit dem Turbinenschacht dennoch genau unter einer Überführung zum Stehen, konnte es Beobachtern auf dem Steg durchaus warm werden. Nicht nur einmal wurde der Holzsteg im alten Bahnhof von Kaufbeuren angezündet!

3.10 Die Gasturbine

Lokomotiven mit Gasturbinenantrieb sind eigentlich keine Diesellokomotiven. Sie gehören jedoch ebenfalls zur übergeordneten Spezies der Brennkrafttriebfahrzeuge und werden immer wieder auch in der Literatur den Dieselloks zugeschlagen und das nicht nur weil sie einen ähnlichen Kraftstoff verwenden. Die Nähe zur Diesellok ist berechtigt, denn außer dem Ersatz des Kolbenmotors durch die Turbine sind die Bauarten meist sehr ähnlich.

Die Gasturbine der Baureihe 210: Das T53-L13-Triebwerk wurde vom amerikanischen Hersteller Avco Lycoming ursprünglich für den Hubschrauber-Einsatz entwickelt und in Deutschland von Klöckner-Humboldt-Deutz in Lizenz gebaut.

Die Lokomotive 1101 der SBB war der erste passable Erfolg beim Einsatz von Gasturbinen in Lokomotiven. Gebaut wurde sie von SLM Winterthur und BBC. Sie war 13 Jahre im Einsatz bevor sie komplett umgebaut wurde. Foto: ABB-Archiv

3.10.1 Aufbau und Funktion

Genau wie der Dieselmotor ist die Gasturbine eine Wärmekraftmaschine, das heißt, Wärme die bei der Verbrennung eines Kraftstoffs entsteht, wird in mechanische Arbeit transformiert. Und auch das Grundprinzip ist ähnlich: In sehr stark verdichtete Luft wird Kraftstoff eingespritzt und gezündet. Die heiße Verbrennungsluft, die unter sehr hohem Druck steht, bewegt nun keinen Kolben, sondern versetzt Turbinenschaufeln in Rotation.

Alle Gasturbinen bestehen aus einem Verdichter, einer Brennkammer und der Nutzturbine. Der Verdichter besteht in der Regel aus einem Satz von mehreren hintereinander (axial) gestaffelten Turbinenrädern, die mit speziell geformten Turbinenschaufeln bestückt sind. Der Radius der Turbinenräder verjüngt sich zur Brennkammer hin, somit verringert sich das zur Verfügung stehende Volumen des Verdichters und der Druck, die Temperatur sowie die Geschwindigkeit der angesaugten Luft steigen.

Etwa ein Viertel der komprimierten Luft gelangt nun in die Brennkammer, wo Kraftstoff, der eine ähnliche Zusammensetzung hat wie Dieselkraftstoff, mit einem Druck bis zu 60 bar eingespritzt wird. Beim Einschalten der Turbine wird das Kraftstoff-Luftgemisch einmalig gezündet, danach wird in die kontinuierlich arbeitende Brennkammer nur noch die benötigte Kraftstoffmenge eingespritzt.

Der weitaus größte Teil der Luft wird unverbrannt um die Brennkammer geleitet und dient der Kühlung der Kammer und der folgenden Turbinenschaufeln. Innerhalb der Brennkammer werden

Temperaturen von über 2000°C erreicht. Abgase mit einer solch hohen Temperatur würden weder die Turbinenschaufeln noch die Brennkammerwände aushalten. Deshalb ist der Kühlstrom unverzichtbar und senkt die Temperatur am ersten Turbinenrad auf vergleichsweise moderate 900°C.

Wenn die sehr heißen Gase, unter hohem Druck auf die Turbinenräder treffen, deren Radien sich nach außen vergrößern, versetzen sie diese in Rotation. Die Turbinenrotation kann nun zum Antrieb der Lokomotive genutzt werden. Zumindest ein Teil, denn etwa zwei Drittel der erbrachten Turbinenleistung wird zum Antrieb des Verdichters benötigt! Der thermische Wirkungsgrad einer Gasturbine liegt mit einem Wert von etwa 30 Prozent etwas unter dem des Dieselmotors. Entscheidend für den Gesamtwirkungsgrad der Gasturbine ist vor allen Dingen der Wirkungsgrad des Verdichters.

Bei den meisten Gasturbinen sitzen Verdichter und Turbine auf einer gemeinsamen Welle. Sie heißen deshalb auch Einwellen-Triebwerke. Es besteht aber auch die Möglichkeit, Verdichter und Turbine zumindest teilweise zu entkoppeln und man erhält eine so genannte mehrwellige Gasturbine mit freier Nutzturbine. Mehrwellige Gasturbinen haben einen Gasgenerator, der als Hochdruckturbine den Verdichter antreibt. Hinter dieser Hochdruckturbine folgt die freie Nutz- oder Arbeitsturbine, die die Restenergie als Nutzleistung zur Verfügung stellt.

3.10.2 Vor- und Nachteile der Gasturbine

Der größte Vorteil der Gasturbine ist ihre Einfachheit. Gerade die Einwellenturbine ist unschlagbar bezüglich ihres Leistungsgewichtes, was sie vor allem in der Luftfahrt heute so dominant macht. Kein größeres Verkehrsflugzeug wird heute noch von Kolbenmotoren angetrieben. Nicht alle in der Luftfahrt eingesetzten Gasturbinen werden als reine Düsentriebwerke eingesetzt, bei denen der heiße, verdichtete Abgasstrahl unmittelbar als Antrieb genutzt wird. Viele Flugzeugtypen nutzen auch die Turbine, um damit einen Propeller oder Rotor anzutreiben. Die Gasturbine rotiert und die Bewegungsart muss nicht wie beim Kolbenmotor von einer oszillierenden Bewegung in eine Rotation transformiert werden. Auch die Schmierung ist einfacher, da es weniger Lager als bei einem Kolbenmotor gibt.

Die Gasturbine benötigt auch keine vergleichbar aufwändigen Kühleinrichtungen wie der Dieselmotor und sie arbeitet kontinuierlich, es gibt keine Arbeitstakte, sondern der Turbine kann permanent Nutzleistung entzogen werden.

Zwischen Maximal- und Leerlaufdrehzahl fällt das Drehmoment bei der Einwellenturbine etwa linear ab. Die Gasturbine ist limitiert durch die maximale Pumpleistung des Verdichters und es kann auch nicht beliebig Kraftstoff eingespritzt werden, da die Temperatur an den Turbinenschaufeln nicht zu stark ansteigen darf. Bei der freien Arbeitsturbine steht im Grunde der gesamte Drehzahlbereich von Null bis zur Maximaldrehzahl zur Traktionsleistung zur Verfügung und sie ist auch bezüglich des Kraftstoffverbrauchs etwas effizienter.

Aber gerade der Kraftstoffverbrauch ist das entscheidende Kriterium gegen den Einsatz der Gasturbine in Schienenfahrzeugen. Der größte Nachteil ist ihr ungünstiges Verhalten im Teillastbereich. Ähnlich wie beim Kolbenmotor erfordert auch der Betrieb der Gasturbine eine Mindest- oder Leerlaufdrehzahl. Diese liegt jedoch relativ nahe an der Nennleistungsdrehzahl. Ein Dieselmotor benötigt im Leerlauf etwa zehn Prozent des Kraftstoffs im Vergleich zu seiner Maximalleistung. Die Gasturbine benötigt im Leerlauf etwa 60 Prozent! Bei Flugzeugen, deren Triebwerke fast permanent nahe der Nenndrehzahl arbeiten, spielt dieser Effekt eine geringere Rolle, im Schie-

Die guten Erfahrungen der SBB mit ihrer Gasturbinenlok 1101 veranlassten die britische Great Western Railway (GWR), in der Schweiz eine ähnliche Lok zu bestellen. Den mechanischen Teil lieferte wieder die SLM Winterthur und die elektrische Ausrüstung inklusive Gasturbine kam erneut von der BBC. Die Turbine leistete 2500 PS und die Lok, die für den schnellen Personenzugverkehr gedacht war, erreichte ein Höchstgeschwindigkeit von 90 Meilen in der Stunde. Foto: ABB-Archiv

nenverkehr ist es ein entscheidender Nachteil. Deshalb wurden Gasturbinen meist in Schnelltriebwagen (RTG und ETG der SNCF und VT 602 der DB) eingebaut, die möglichst mit wenigen Halten zwischen weit entfernten Orten verkehrten. In den USA versuchte man die Gasturbine auch bei schweren Güterzügen für weite Strecken zu nutzen, denn im Volllastbereich ist der Verbrauch im Vergleich zur abgegebenen Leistung in etwa im Bereich der Kolbenmotoren.

Ein weiterer Nachteil sind die Kosten: Gasturbinen sind teuer und trotz ihrer Einfachheit empfindlich. Teuer sind sie auch, weil sie überwiegend für die Luftfahrt unter deren außerordentlich hohen Qualitätsmerkmalen entwickelt und gebaut wurden. Im Schienenverkehr kamen häufig Hubschraubertriebwerke zum Einsatz. Gasturbinen müssen unbedingt vor dem Eindringen von Fremdkörpern geschützt werden, da sowohl Verdichter- als auch Turbinenschaufeln bei den hohen Gasgeschwindigkeiten im Triebwerk von kleinsten Teilchen beschädigt werden können. Ein weiterer kostensteigernder Faktor sind die kürzeren Überholungsintervalle, die sich mit der Zunahme der Startvorgänge noch verkürzen. Gasturbinen müssen wegen der erheblichen thermischen Belastungen vor allem auf der Turbinenseite etwa sechs- bis siebenmal häufiger pflichtmäßig in die Werkstatt als ein Dieselmotor.

Die Deutsche Bundesbahn unternahm in den beiden Baureihen V 169 und 210 den Versuch, die Gasturbine als Booster-Triebwerk einzusetzen. Ein Booster soll bei erhöhtem Leistungsbedarf etwa beim Anfahren oder in Steigungen eine schnell-

210 003 im alten Bahnhof Kempten-Hegge. Die internationalen Züge zwischen München und Zürich gehörten zu ihren bevorzugten Einsätzen. Foto: Helfried Schiestl

verfügbare Leistungsreserve anbieten. Prinzipiell bietet sich die Gasturbine wegen ihrer geringen Einbaumaße und ihres geringen Gewichts dafür geradezu an. Über einen Einspeiswandler am DH-Getriebe konnte bei den beiden Baureihen die Zusatzleistung abgerufen werden. Die Idee war verlockend, konnte sich aber in der Praxis nicht durchsetzen. Die Gasturbine ist nicht für häufiges Ein- und Abschalten gebaut. Außerdem benötigt sie eine gewisse Zeit, um ihre Nenndrehzahl zur maximalen Leistungsabgabe zu erreichen. Bei Strecken, wo Kurven und Steigungen relativ kurz hintereinander folgen, lohnte das Abschalten häufig nicht, und die Turbinen liefen zu oft im Leerlaufbetrieb und verbrauchten zu viel Kraftstoff. 1978 baute die DB ihre Gasturbinen nach einem Unfall aus und beendete endgültig das Experiment Booster-Antrieb.

3.11 Betriebsstoffe

3.11.1 Der Dieselkraftstoff

Ein entscheidendes Kriterium für die Funktion des Dieselmotors ist der verwendete Kraftstoff. Er sollte einfach verfügbar, kostengünstig und von gleich bleibender normierter Qualität sein. Von diesen Punkten hängt die Wirtschaftlichkeit eines dieselbetriebenen Schienenfahrzeugs ab, da der Kraftstoff Einfluss auf die Leistung, die Lebensdauer, den Verbrauch und die Emissionen des Motors hat, um nur die wichtigsten Punkte zu nennen.

Weltweit wird Dieselkraftstoff fast ausschließlich aus Erdöl gewonnen, andere Formen der Herstellung sind derzeit, angesichts noch immer relativ sicherer Rohölvorkommen, nicht wirtschaftlich. Das kann sich aber mittelfristig ändern.

Erdöl ist alles andere als ein homogener Stoff und seine Zusammensetzung hängt stark vom Ort des Vorkommens ab. Im Wesentlichen ist das schwarze Gold ein Gemisch unterschiedlichster so genannter Kohlenwasserstoffe. Diese Klasse chemischer Verbindungen kennzeichnet ein Grundgerüst, das überwiegend aus Kohlenstoff- und Wasserstoffatomen besteht. Die beiden Elemente können sich zu unterschiedlich langen Ketten formieren (Alkane, Paraffine), in den Ketten können Doppelbindungen vorliegen (Olefine). Es kommen ringförmige Cykloalkane (Naphtene) und aromatische Verbindung vor. Die Bestandteile haben bei Normalbedingungen die unterschiedlichste Konsistenz: Im Erdöl sind gasförmige Moleküle wie flüssige und zähflüssige zu finden.

Dieses Gemisch ist als Treibstoff nahezu ungeeignet. Es wäre auch eine pure Verschwendung, da viele Bestandteile hochwertige Rohstoffe der chemischen Industrie darstellen, die zur Verbrennung viel zu schade wären. Die einzelnen Verbindungen haben in der Regel unterschiedliche Siedepunkte. Deshalb ist die Destillation das Trennverfahren der Wahl. Dies geschieht in Raffinerien. Dort finden auch noch zahlreiche andere Aufbereitungsprozesse statt, auf die an dieser Stelle jedoch nicht eingegangen werden soll.

BR 260/261 Kraftstoffschema (Lage der Bauteile)

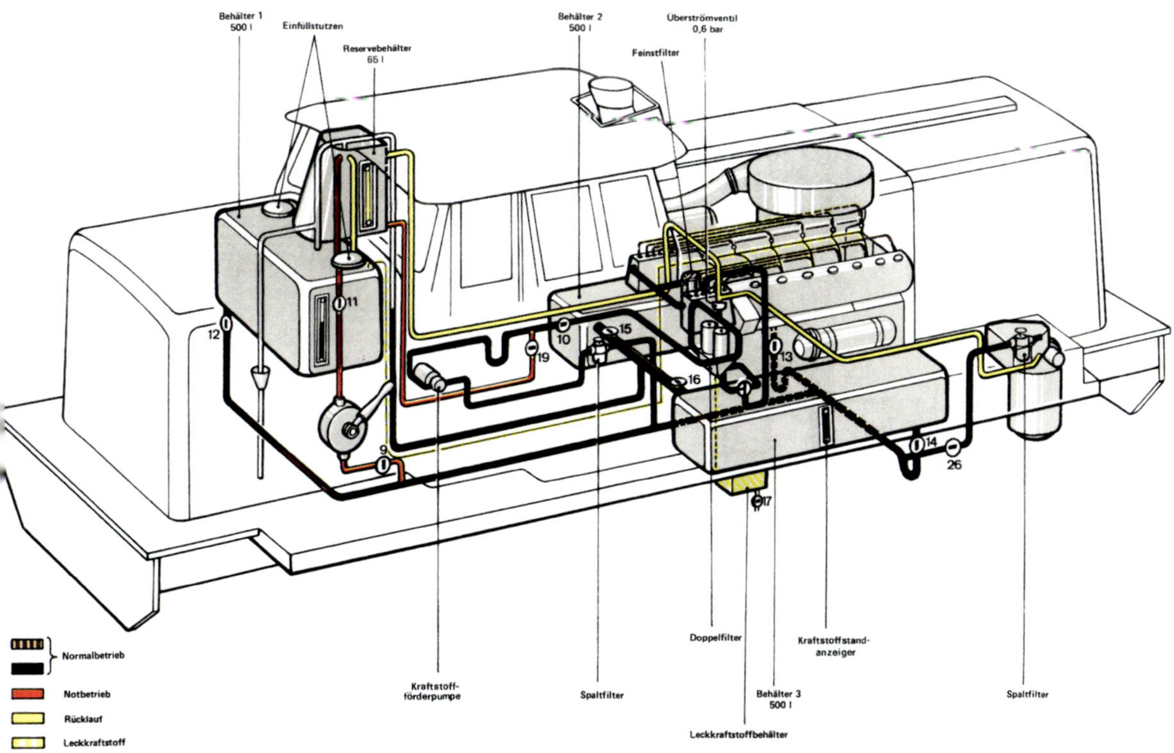

Schmierkreislauf der Baureihe 260/261. Zeichnung: Sammlung Axel Kiebler

Dieselmotoren sind im Hinblick auf die Zusammensetzung des Kraftstoffs weit weniger anspruchsvoll als etwa Ottomotoren. Manche Dieselmotoren gelten auch als Vielstoffmotoren, weil bei der Zusammensetzung ihres Kraftstoffes größere Schwankungen erlaubt sind. Aber auch ein Diesel läuft mit optimalem Kraftstoff am besten. Das gilt umso mehr für moderne Hochleistungsmotoren mit ihrer aufwändigen Motorelektronik, die bestimmte Kraftstoffparameter voraussetzt. Sollen Verbrauch und Emissionen bei größtmöglicher Leistungsabgabe einen bestmöglichen Wert erreichen, dann spielt die Kraftstoffqualität eine entscheidende Rolle.

Eines der wichtigsten Kennzeichen des Dieselkraftstoffs ist die Zündwilligkeit. Maßstab dafür ist die so genannte Cetanzahl, die in einem speziellen Verfahren mit einem einzylindrigen Labormotor ermittelt wird. Je höher die Cetanzahl, desto höherwertiger ist der Dieselkraftstoff. Das führt zu einer besseren Verbrennung und bringt Vorteile beim Kaltstart, den Emissionswerten, der Geräuschentwicklung und bei Verbrauch und Leistung des Motors.

Weitere Qualitätskriterien sind das Siedeverhalten, Dieselöle sieden etwa zwischen 200° und 350° C. Vor allem die obere Siedegrenze wirkt sich, falls zu hoch, ungünstig auf die Abgasentwicklung aus.

Ein sehr wichtiges Qualitätsmerkmal ist der Schwefelgehalt. Schwefel ist ein Begleiter des Rohöls und kann bis zu fünf Prozent ausmachen. Die bekannteste negative Begleiterscheinung des Schwefelanteils ist die Bildung von Schwefeldioxid bei der Verbrennung, das auch für den sauren Regen verantwortlich gemacht wird. Schwerwiegender für den Motorbetrieb ist jedoch, dass die sauren Eigenschaften des entstehenden Schwefeldioxids auch den Motor angreifen und sich negativ auf die Lebensdauer auswirken. Ein hoher Schwefelanteil belastet das Motorenöl, das häufiger gewechselt werden muss.

Weitere Merkmale sind Dichte, Viskosität, Flammpunkt, der Aromatenanteil, die Reinheit bezüglich Säuren und fester Bestandteile und die Schmierfähigkeit.

Alle Kraftstoffkriterien wirken sich auf das Leistungsvermögen des Dieselmotors aus und sollten sich in möglichst optimalen Bereichen befinden. Nachgeholfen werden kann durch moderne Additive. Ein vor allem früher bekanntes Problem war das Versulzen des Dieselkraftstoffs im Winter. Bei tiefen Temperaturen stockte der Kraftstoff und konnte Leitungen und Filter verstopfen. Kraftstoffadditive verhindern das heutzutage.

Mit solchen Zusätzen wird heute nicht nur das Fließverhalten verbessert, sondern auch die Zündung beschleunigt, Ablagerungen verhindert, die

Eigenschaften von Dieselkraftstoff und Ottokraftstoff		
	Diesel	Benzin
Heizwert	42 bis 43 MJ/kg (36 MJ/l)	≈ 42 (32 MJ/l)
Stöchiometrischer Luftbedarf	14,5 kg Luft/kg Kraftstoff	14 bis 14,7 kg Luft/kg Kraftstoff
Dichte	810 bis 855 kg/m³	730 bis 780 kg/m³
Siedetempertur	170 bis 360° C	30 bis 190° C
Cetanzahl	42 bis 55	—

Lok 28 der Dortmunder Eisenbahn ist eine G 1600 BB von MaK. Dieser Typ ist eine nahe Verwandte der DB-Baureihe 291. Foto: Marcus Henschel

Cetanzahl erhöht und Korrosion in Tanks und Leitungen vermeiden.

Die Zusammensetzung des Dieselkraftstoffs und vor allem die Mindestanforderungen regelt bei uns die Euronorm DIN EN 590. Die fordert eine Mindestcetanzahl von 51 und erlaubt einen maximalen Schwefelgehalt von 350 ppm (parts per million), das heißt unter einer Million Kraftstoffmoleküle dürfen nicht mehr als 350 Schwefelteilchen sein.

3.11.1.1 Alternativkraftstoffe

Bis vor wenigen Jahren machte man sich wenig Gedanken über eine Alternative zu Erdöldestillaten. Angesichts des absehbaren Endes der weltweiten Rohölreserven bei gleichzeitig zunehmender Nachfrage wird die Beschäftigung mit Erdölsubstituten immer dringlicher. Die Gewinnung von Kraftstoffen aus Kohle ist derzeit nicht wirtschaftlich und die Kohlevorräte sind ebenso begrenzt wie die Erdölvorkommen.

Als Dieselsubstitut spielen vor allem Kraftstoffe, die aus Pflanzenölen, vor allem Rapsöl gewonnen werden, eine Rolle. Am Markt können sie sich zur Zeit nur behaupten, da sie steuerlich gefördert werden. Der größte Vorteil der Pflanzenöle ist die Kohlendioxidneutralität, das bedeutet, es entsteht bei der Verbrennung nur so viel Kohlendioxid, wie die Pflanze im Wachstum verbraucht hat. Allerdings brächte eine Umorientierung mit einem erheblich gesteigerten Anteil an Pflanzenölkraftstoffen zur Deckung des Diesel-Bedarfs erhebliche Umweltprobleme: Es müssten die Anbauflächen in kaum vorstellbarem Maß

Einige Maschinen der Baureihe 294 werden derzeit modernisiert und remotorisiert. Eine Vorbereitung zur Verwendung von Alternativkraftstoffen ist nicht vorgesehen.

gesteigert werden und sämtliche Probleme einer intensivierten Landschaft (Stichworte: Monokultur, Pestizideinsatz, Grundwasserbelastung) wären kaum zu vermeiden.

Brauchbare Pflanzenöle sind Glyzerinester verschiedenster Fettsäuren. Gewonnen werden sie durch Auspressen oder Extraktion ölhaltiger Früchte. In wirtschaftlicher Hinsicht kommt in Mitteleuropa hauptsächlich der Anbau von Raps in Frage.

In Dieselmotoren kann das Rapsöl direkt verwendet werden, erfordert jedoch stark angepasste Motoren, vor allen Dingen weil Rapsöl erheblich zähflüssiger als gewöhnlicher Dieselkraftstoff ist. Einfacher ist die Verwendung des so genannten Rapsmethylesters, der in den physikalischen Eigenschaften dem gewöhnlichen Dieselkraftstoff sehr viel ähnlicher ist und weniger Anpassungsarbeit erfordert.

Neben der alternativen Verwendung besteht auch die Möglichkeit, einen gewissen Anteil von Rapsmethylester herkömmlichem Kraftstoff beizumischen.

Im Schienenverkehr hat sich der Einsatz von Alternativkraftstoffen noch nicht etabliert. Lediglich die Prignitzer Eisenbahngesellschaft (PEG) hat in Deutschland ihre Dieselfahrzeuge für den Einsatz von Biokraftstoffen umgerüstet. Da Rapsmethylester auch erheblich weniger wassergefährdend ist, vermeidet dessen Verwendung auch erhebliche Vorsichtsmaßnahmen zum Gewässerschutz.

3.11.2 Schmieröle und -fette

Schmiermittel dienen der Verringerung der mechanischen Reibung sämtlicher Lager beziehungsweise aller Reibungsflächen zwischen beweglichen Teilen. Sie führen aber auch Wärme ab und verhindern übermäßige Erhitzung stark beanspruchter Teile.
Zu den wichtigsten Schmierstellen gehören sämtliche inneren Motorbauteile. Gerade dort ist neben der Schmiereigenschaft auch die Wärmeleitfähigkeit des verwendeten Schmieröls von entscheidender Bedeutung. Bei den hohen auftretenden Temperaturen ist die thermische Stabilität des Schmieröls, das sich nicht zersetzen darf, von entscheidender Bedeutung. Das Schmieröl darf aber nicht nur gute Fließeigenschaften bei hohen Temperaturen aufweisen, es muss auch bei niedrigen Temperaturen hinreichend dünnflüssig sein, um den Motor starten zu können. Das Schmieröl das nicht in die Ölwanne zurückläuft, muss möglichst rückstandsfrei verbrennen und darf unter keinen Umständen gefährliche Ablagerungen bilden. Außerdem muss das Motoröl eine gewisse Alterungsbeständigkeit aufweisen, um ein zu häufiges Wechseln zu vermeiden.
Fette, also sehr zähflüssige bis feste Schmierstoffe, werden vor allem in Lagern oder bei der Spurkranzschmierung verwendet.

3.11.3 Getriebeöl

Es gibt verschiedene Getriebeöle, die in einer Lokomotive zum Einsatz kommen. Die Öle der mechanischen Getriebeteile müssen vor allen Dingen einen zähen Film entwickeln, der nicht abreißen darf und stets für eine gute Schmierung der Zahnräder sorgt. In den DH-Getrieben kommen sehr spezielle, dünnflüssige Getriebeöle zum Einsatz, die die thermische Belastung gut vertragen, nicht zur Schaumbildung neigen und vor allem alterungsbeständig sind. Daneben übernehmen diese Getriebeöle auch Schmier- und Korrosionsschutzaufgaben innerhalb des DH-Getriebes.

3.11.4 Wasser

Beim Wasser ist sind eine wichtige Unterscheidung bezüglich der Qualität und der Aufgaben zu treffen: Das Kühlwasser ist meist gewöhnliches Leitungswasser, dem in der Regel nur ein Korrosionsschutzmittel (-öl) zugefügt wird. Auf teure Frostschutzmittel wird häufig verzichtet. Den Schutz vor dem Einfrieren besorgen Vorwärm- und Warmhalteeinrichtungen.
Kesselspeisewasser für Dampfheizanlagen muss chemisch aufbereitet werden. In erster Linie muss das Wasser entkalkt werden. Dies kann durch Additive geschehen oder durch die Verwendung von entmineralisiertem Wasser.

3.11.5 Sand

Trockener, feinkörniger Sand, der vor die Radsätze gestreut werden kann, erhöht den Reibungswert zwischen Rad und Schiene und verbessert die Bremsleistung oder kann das Schleudern der Radsätze verhindern.

4. Die Kraftübertragung

Robuste russische Technik mit unverwechselbarer Klangfülle, die auch die Bewohner in Remschütz im Jahr 1988 erleben durften: Die Kraftübertragung vom unverwüstlichen Zweitakt-Motor auf die sechs Achsen von Taigatrommel 120 318 erfolgt dieselelektrisch. Foto: Rainer Albrecht

Die größte Herausforderung bei der Entwicklung der Diesellokomotive war die Kraft- beziehungsweise Drehmomentübertragung vom Dieselmotor auf den Radsatz. Der Dieselmotor ist im Prinzip ungeeignet für den Einsatz im Schienenverkehr. Dieselmotoren charakterisiert eine konstante Drehmomentabgabe in einem begrenzten Drehzahlbereich. Das heißt, dass zwischen der Leerlaufdrehzahl und der Maximaldrehzahl ein nahezu konstantes Drehmoment zur Verfügung steht. Für den Bahndienst wird jedoch ein variables Drehmoment benötigt. Beim Anfahren des Zuges sollte eine Lokomotive ein möglichst großes Drehmoment entwickeln. Wäre der Dieselmotor direkt mit dem Radsatz verbunden, müsste er bei kleinsten Drehzahlen sein größtes Drehmoment erreichen, um am Zughaken seine größtmögliche Zugkraft zu haben. Bei höherer Geschwindigkeit wird ein geringeres Drehmoment benötigt. Eine Erfahrung, die man auch aus dem Alltag kennt, etwa beim Radfahren: Wenn man anfährt, ist die benötigte Kraft am größten, wenn man bereits rollt, tritt es sich leichter. Genau diese Anforderungen erfüllt der Selbstzünder nicht! Um das Radfahren zu vereinfachen, hat man Schaltungen entwickelt. Gleiches war auch für Dieselloks nötig, nur ist die Aufgabenstellung für die Übertragung einer Motorleistung von 1000 kW und mehr von anderer Qualität.

Ein weiteres Problem des Dieselmotors ist die vorgegebene Drehrichtung. Ein Elektromotor

V32 01 der DRG im Rohbau. Bei ihr trieb der MAN-Diesel eine Kompressoranlage. Die so erzeugte Druckluft strömt in die Zylinder und trieb die Lok wie eine Dampflok an.

Foto: Historisches Archiv der MAN AG, Augsburg

läuft nach Umpolung in die entgegengesetzte Richtung, und auch die Dampflok ist durch eine geeignete einfache Veränderung der Dampfeinströmung in der Lage, rückwärts zu fahren.
Das Fazit lautet, ein Dieselmotor kann nicht unter Belastung anlaufen, das abgegebene Drehmoment ist relativ konstant in einem eingeschränkten Drehzahlbereich und er läuft nur in eine Richtung. Vier Gründe, die ein Bauteil erfordern, das zwischen Radsatz und Motor eingebaut werden muss und das systembedingte Nachteile des Diesels kompensiert: Die Kraftübertragungsanlage.
Sie muss:

1. Das Drehmoment variieren
2. Den Drehzahlbereich erweitern
3. Motor und Radsatz trennen können
4. Eine Änderung der Drehrichtung ermöglichen.

Angesichts der wirkenden Kräfte ist die Aufgabenstellung bei der Konstruktion der Kraftübertragung bei Schienenfahrzeuge alles andere als trivial, und es gelang auch erst ungefähr drei Jahrzehnte nach der Erfindung des Dieselmotors, diesen auch in Großlokomotiven einzusetzen. Viele Versuche waren zuvor gescheitert, und die vielleicht spektakulärste Versuchslok war die bereits an anderer Stelle erwähnte Klose-Sulzer-Lok aus dem Jahr 1913. Bei dieser Maschine verband man für die Kraftübertragung den Dieselmotor direkt mit dem Radsatz, was sich bereits bei den ersten Versuchsfahrten als grandiose Fehlkonstruktion erwies. Um das Problem der Leerlauf- oder Mindestdrehzahl zu lösen, wurde die Lok mit Druckluft in Bewegung versetzt, und sobald der Motor etwa 30 Umdrehungen pro Minute erreichte, begann die Kraftstoffeinspritzung und der Motor lief an. Nach wenigen Versuchsfahrten wurde das Projekt eingestellt und die Lok am Ende verschrottet. Andere Versuche wollten die heißen Abgase des Motors zum Antrieb nutzen oder setzten den Dieselmotor ein, um einen Kompressor anzutreiben. Die so erzeugte Druckluft sollte ähnlich wie der Wasserdampf bei einer Dampflok zur Fortbewegung eingesetzt werden.
Es gibt heute drei grundsätzliche Wege die Leistung des Dieselmotors auf den Radsatz zu übertragen, um die oben genannten Anforderungen zu erfüllen:

1. Die mechanische Kraftübertragung
2. Die dieselelektrische Kraftübertragung
3. Die hydrodynamische und die hydrostatische Kraftübertragung.

4.1 Die mechanische Kraftübertragung

Seit der Erfindung des Dieselmotors versuchten die Ingenieure diesen auch für Schienenfahrzeuge nutzbar zu machen. Die anfangs einfachste Möglichkeit schien eine mechanische Kraftübertragung. Zahnradgetriebe waren bekannt und auch in Kombination mit Verbrennungsmotoren bei Kraftfahrzeugen im Einsatz. Die zwei Hauptbestandteile des mechanischen Getriebes sind das eigentliche Zahnradschaltgetriebe mit mehreren Gängen und eine Kupplung, die das vor allem beim Anlassen erforderliche Trennglied zwischen Motor und Radsatz bildet.
Wichtigstes Bauteil zur Drehmomentwandlung ist ein Zahnradpaar mit unterschiedlichen Zahnraddurchmessern, die so ein festes Übersetzungs- oder Untersetzungsverhältnis vorgeben. Eines der beiden Zahnräder ist mit der Motorwelle verbunden, das andere mit dem Radsatz. Das Verhältnis der Zahnraddurchmesser gibt die Größe der Drehmomentwandlung vor. Die unterschiedlichen Zahnradgrößen haben natürlich auch einen Einfluss auf die Drehzahlen sowohl auf der Motor- als auch auf der Radsatzseite des Getriebes. Die Drehzahlverhältnisse verhalten sich genau entgegengesetzt den Drehmomentwandlungen. Beispiel: Das Übersetzungsver-

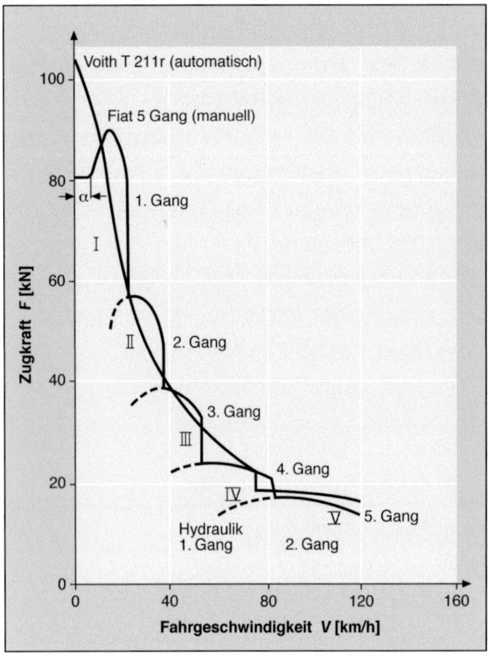

Vergleich der Zugkraft-Geschwindigkeits-Kurven zwischen einem mechanischen Fiat-5-Gang-Getriebe und einem hydrodynamischen Voith-Getriebe. Das Voith-Getriebe zeigt einen wesentlich stetigeren Zugkraftverlauf. Foto: Voith

hältnis soll 1:4 sein, der Motor dreht mit 1600 Umdrehungen pro Minute (min^{-1}) und liefert ein Drehmoment von 5000 Nm, dann betrüge das Drehmoment auf der Radsatzseite 20000 Nm und die Drehzahl 400 min^{-1}. Gekuppelt werden die beiden Zahnräder mit Schaltkupplungen, in der Regel Reibungs- oder Klauenkupplungen. Um höhere Geschwindigkeiten und unterschiedliche Zugkräfte zu erzielen, hat ein mechanisches Getriebe in der Regel mehrere Gänge. Das heißt, es sind im Getriebe mehrere feste Zahnradkombinationen eingebaut. Die einzelnen Gänge werden mittels schaltbarer Kupplungen gewechselt, die mechanisch, elektromagnetisch oder pneumatisch angetrieben sein können. Je mehr Gänge ein Getriebe besitzt, desto besser kann es der idealen Zugkrafthyperbel angepasst werden.

Bei eingelegtem Gang sind Motor und Radsatz direkt mechanisch gekoppelt, das bedeutet, dass eine Drehzahlsteigerung des Motors sich direkt in einer Geschwindigkeitserhöhung auswirkt. Während des Schaltvorgangs ist der Kraftfluss zwischen Motorwelle und Radsatz unterbrochen. Jeder Gang besteht aus einem Zahnradpärchen. Das mechanische Getriebe hat Vorteile: So ist der Aufbau relativ einfach und es hat einen sehr hohen Wirkungsgrad (über 90 Prozent), da nur geringe mechanische Verluste auftreten.

Die mechanische Leistungsübertragung hat sich jedoch, vor allem bei größeren Lokomotiven, nicht durchgesetzt, da einige Nachteile die Vorteile aufheben: Je mehr Gänge ein Getriebe hat, desto komplizierter ist sein Aufbau und der Lokführer müsste ständig schalten. Wenige Gänge ergeben jedoch einen sprunghaften Zugkraftverlauf und bedeuten zudem eine schlechte Ausnutzung der theoretisch verfügbaren Motorleistung.

Das Wechseln der Gänge bestimmen die Maximal- und Minimaldrehzahl des Motors. Wenn eine der beiden Elastizitätsgrenzen des Diesels erreicht ist, muss der Gang gewechselt werden, um den Motor nicht zu übertouren, das heißt mit zu hohen Drehzahlen zu betreiben oder im entgegengesetzten Fall ihn nicht abzuwürgen. Das erfordert vom Triebfahrzeugführer eine sehr aufmerksame Kontrolle der Motordrehzahlen und der Streckencharakteristik, um dem Motor keinen Schaden zuzufügen. Aber nicht nur der rechtzeitige Wechsel der Gänge ist wichtig, auch das Verschalten, die Wahl eines ungeeigneten Ganges muss verhindert werden.

Ein weiteres Problem ist die Zugkraftunterbrechung beim Schaltvorgang, die zwei gravierende Folgen haben kann. Der ruckartige Zugkraftverlauf kann zu erheblichen Belastungen der Kupplungen innerhalb eines Zugverbands führen. Außerdem kann etwa in Steigungen der Geschwindigkeitsabfall während des Schaltvorgangs so groß sein, dass es zum Drehzahldrücken kommt und der Motor abgewürgt werden kann.

Die mechanische Leistungsübertragung wurde im Laufe der Zeit nur bei sehr wenigen Fahrzeugtypen verwendet. Fahrzeuge mit mehr als 250 kW Leistung eigneten sich wegen der hohen mechanischen Beanspruchung von Zahnrädern und Kupplungen nicht für den Einbau eines mechanischen Getriebes. Hauptsächlich kleine Rangierlokomotiven mit geringer Höchstgeschwindigkeit und Triebwagen erhielten mechanische Getriebe.

4.2 Die elektrische Leistungsübertragung

Diesellokomotiven mit elektrischer Leistungsübertragung sind im Grunde E-Loks mit bordeigenem Kraftwerk. Der Dieselmotor ist an einen Stromgenerator angeflanscht, der die mechanische Energie des Verbrennungsmotors in elektrische verwandelt. Elektrische Fahrmotoren nutzen den

Die Rhätische Bahn (RhB) beschaffte speziell für die Berninalinie so genannte Zweikraftlokomotiven. Sie können den erforderlichen Strom für die elektrischen Fahrmotoren sowohl mit dem Stromabnehmer der Fahrleitung entnehmen als auch an Bord mittels eines Dieselmotors und einer Generatoranlage erzeugen. Foto: Thomas Küstner

erzeugten Strom und treiben das Fahrzeug an. Die Generatoreinheit übernimmt dabei auch die Funktion des Getriebes und der Anfahrkupplung, das heißt Radsatz und Fahrmotor sind mechanisch getrennt. Weltweit betrachtet ist diese Art der Kraftübertragung die wichtigste. Vor allem amerikanische Diesellokkonstruktionen verwenden ausschließlich die elektrische Leistungsübertragung.

Auch bei der elektrischen Leistungsübertragung gibt es verschiedene Methoden:

4.2.1. Die klassische Methode: Gleichstrom- oder Wechselstromgenerator und Gleichstrom-Reihenschlussfahrmotoren

Die Gleichstrom-Reihenschlussfahrmotoren erwiesen sich angesichts ihrer Eigenschaften, besonders ihrer Drehmomentkennlinie als am besten geeignet für den Einsatz in Lokomotiven. Bei niedrigen Drehzahlen, also etwa beim Anfahren entwickelt dieser Motortyp hohe Drehmomente, bei hohen Drehzahlen sinkt das Drehmoment. Es wäre auch möglich, die im E-Lokbau früher häufig verwendeten Einphasenwechselstrom-Kommutatormotoren zu verwenden, die dort benutzt

In den 50er-Jahren baute Henschel auch dieselelektrische Lokomotiven für ausländische Bahnunternehmen, unter anderen die Baureihe G12 für die Staatsmijnen in Lijmburg/Niederlande, die später bei der staatlichen NS als Reihe 2900 eingereiht wurde. Foto: Sammlung Jochen Frickel

Der langsamlaufende Zwölfzylinder-Motor 12-567C von General Motors mit 1425 PS dominiert die Lokomotive. Direkt an den Motor ist der Gleichstromgenerator angeflanscht.

Foto: Sammlung Jochen Frickel

Ein G12-Drehgestell mit den beiden Gleichstromfahrmotoren in Tatzlageraufhängung.

Foto: Sammlung Jochen Frickel

wurden, um die einphasige Wechselspannung des Fahrdrahts nicht Gleichrichten zu müssen und sie mit einem Wechselstromgenerator zu betreiben. Der größte Nachteil aller Kommutatormotoren ist ihr relativ komplizierter Aufbau und die Wartungsintensität. Vor allem die Kohlebürsten sind empfindlich und müssen regelmäßig getauscht werden. Beim Anfahren muss durch einen Anlasswiderstand gewährleistet werden, dass Ströme nicht zu stark ansteigen und die Motorspulen dadurch nicht zu sehr thermisch (Joulesche Wärme) belastet werden.

4.2.2 Das heutige Konzept: Drehstromantriebstechnik mit Asynchronfahrmotoren

Seit Anfang der 1970er-Jahre stand den Fahrzeugkonstrukteuren moderne Halbleiter-Leistungselektronik zur Verfügung, die es nun erlaubte, Wechselströme ohne den Einsatz von empfindlichen Quecksilberdampfgleichrichtern gleichzurichten und umgekehrt aus Gleichströmen mit Hilfe von Wechselrichtern wieder spezielle Wechselströme zu erzeugen. Thyristoren können aus dem Gleichstrom einen Drehstrom

Wegbereiter der modernen Drehstromantriebstechnik mit Asynchronfahrmotoren waren die Henschel-BBC-Versuchsloks DE 2500, die bei der Deutschen Bundesbahn als Baureihe 202 fuhren. Am 21. April 1985 zieht 202 003 den E 3294 bei Pirmasens. Foto: Thomas Küstner

von variabler Frequenz und Spannung erzeugen, der für den Betrieb der Asynchronfahrmotoren erforderlich ist. Die gesamte Leistungsteuerung dieser modernen dieselelektrischen Fahrzeuge funktioniert elektronisch und wird heutzutage von Computern übernommen. Ein Blick in das Innenleben solcher moderner Lokomotiven zeigt hauptsächlich blinkende Schaltschränke.

4.3 Die hydrodynamische Leistungsbertragung

Dieselhydraulische Lokomotiven haben sich weltweit betrachtet nicht durchgesetzt. Der größte Teil – und das liegt zuallererst am nordamerikanischen Markt – fährt dieselelektrisch.

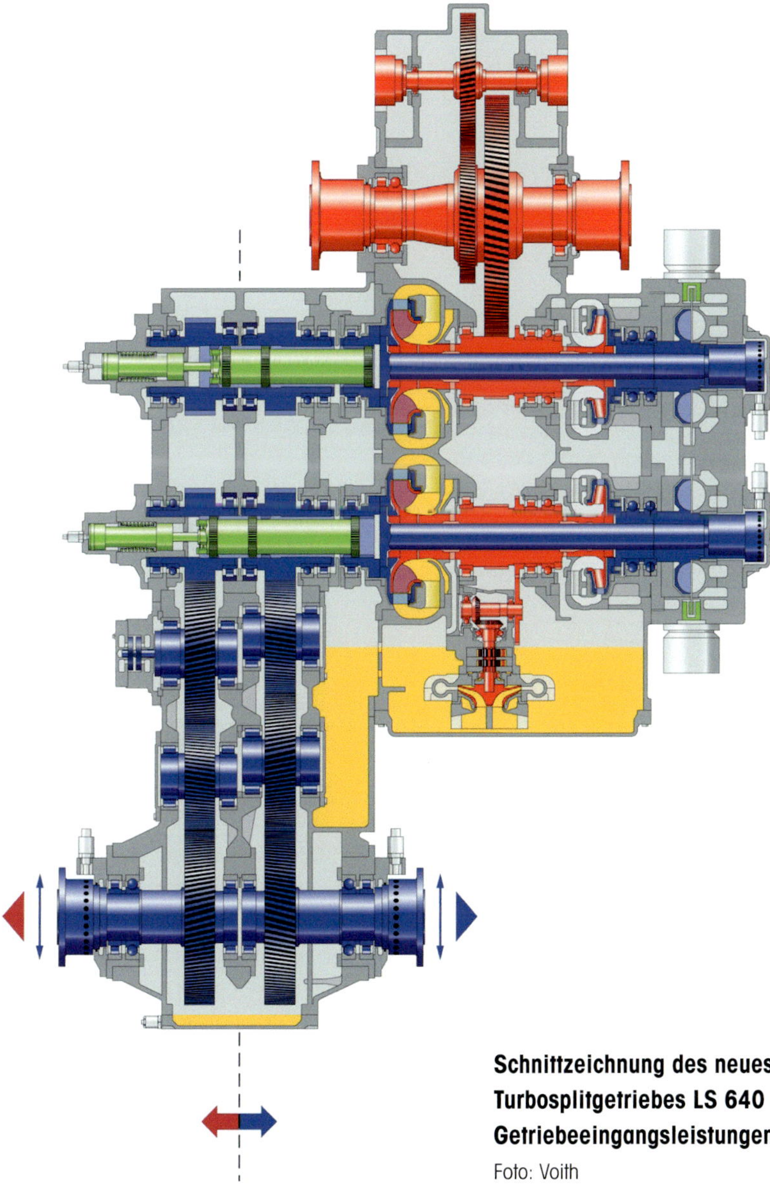

Schnittzeichnung des neuesten Voith-Turbosplitgetriebes LS 640 re U2 für Getriebeeingangsleistungen bis 4200 kW
Foto: Voith

Eines der größten je gebauten Voith-Getriebe war das L820 wrbs für die Gasturbinenbaureihe 210 der Bundesbahn mit einem speziellen Einspeiswandler für die Gasturbine. Es wog 7,5 Tonnen und hatte eine Getriebeölfüllung von 440 Kilogramm. Foto: Voith

In Deutschland jedoch war es die bevorzugte Art der Leistungsübertragung. Das hat einige gute Gründe. Der Aufbau einer Lokomotive mit hydrodynamischem Getriebe ist einfacher. Der Dieselmotor ist über eine Gelenkwelle direkt mit dem Getriebeeingang verbunden. Von der Abtriebsseite gehen in der Regel weitere Gelenkwellen direkt zu den Achsgetrieben. Ein DH-Getriebe ist stufenlos steuerbar, das heißt es gibt keine Zugkraftunterbrechung bei Lastwechsel. Die Drehmomentcharakteristik ist optimal für den Bahneinsatz. Das größte Drehmoment wird beim Anfahren entwickelt und nimmt mit zunehmender Geschwindigkeit ab. Ein weiterer großer Vorteil der hydrodynamischen Getriebe ist die Verschleißfreiheit. Gerade bei der hydrodynamischen Bremse, die nach dem selben Prinzip arbeitet, ist dieser unmittelbare Vorteil zu erkennen. Ein Retarder benötigt weder Bremsscheiben noch -klötze, die abgenützt werden könnten. Bei modernen Getrieben ist eine erste Revision oft erst nach einer Million Laufkilometern nötig.

Ein DH-Getriebe besteht aus mehreren Bauteilen, meist einem Anfahrwandler, einem Marschwandler, einer Kupplung und häufig einem zusätzlichen Retarder. Die einzelnen Kreisläufe entsprechen den Gängen des Getriebes und werden automatisch in Abhängigkeit von der Motordrehzahl und der Fahrzeuggeschwindigkeit mit Getriebeflüssigkeit gefüllt beziehungsweise entleert. Eine besondere

Bauform stellen die so genannten Turbowendegetriebe dar. Sie haben für jede Fahrtrichtung eigene Kreisläufe, meist ein bis zwei Wandlerkreisläufe. Dadurch kann eine Richtungsänderung während der Fahrt vorgenommen werden. Das spart Zeit, und der Kreislauf für die Gegenfahrtrichtung kann dann zudem als Retarder verwendet werden. Besonders bei Rangierlokomotiven, wo häufige Richtungsänderungen nötig sind, zeigt das Turbowendegetriebe seine Stärken.
Das DH-Getriebe ist in der Anschaffung günstiger und die Lokkonstruktion ist unkomplizierter: Es ist kein schwerer Stromgenerator nötig und im Drehgestell müssen keine Fahrmotoren untergebracht werden. Verbunden mit dem insgesamt niedrigeren Gewicht waren dies die großen Vorteile der Loks mit DH-Antrieb. Das hat sich inzwischen etwas geändert. Moderne Dieselmotoren haben ein enormes Leistungsgewicht (kW pro kg), die unkomplizierten Asynchronfahrmotoren sind ebenfalls leichter als die alten Kommutatormotoren und so ist der frühere Gewichtsvorteil gegenüber dem dieselelektrischen Antrieb nicht mehr groß. Der größte Nachteil des DH-Antriebs war bisher immer die maximale Getriebeingangsleistung, die etwa bei 2000 kW lag. Leistungsfähigere Loks mussten deshalb meist mit zwei Motoren und Getrieben ausgerüstet werden, was die Kosten erheblich steigerte. Seit kurzem ist aber auch diese Grenze durchbrochen und das neueste Voith-Turbosplitgetriebe LS 640 reU2 für den Schienenverkehr ist für Eingangsleistungen bis 4200 kW konstruiert!

4.4 Radsatz-, Stufen- und Wendegetriebe

Ein Getriebe reicht jedoch nicht. Bisher haben wir uns nur mit dem Getriebeteil beschäftigt, der für die Drehmomentwandlung zuständig war.

4.4.1 Das Wendegetriebe

Eine Diesellokomotive kann aufgrund der vorgegebenen Drehrichtung des Bahndiesels nur in eine Richtung fahren. Beim dieselelektrischen Antrieb ist das Problem vergleichsweise einfach zu lösen. Man muss lediglich an einer geeigneten Stelle für eine Umpolung der Stromrichtung sorgen, damit die Lok rückwärts fährt.
Bei den anderen Antriebsarten ist dies nicht so einfach. Sie benötigen eigene mechanische Wendegetriebe für eine Änderung der Fahrtrichtung. Mit einem simplen Rückwärtsgang wie beim Automobil ist es nicht getan, da die Lok schließlich uneingeschränkt vorwärts und rückwärts fahren soll.
Im Wendegetriebe wird durch das geeignete Zwischenschalten von Zahnrädern die Fahrtrichtung geändert. Die Fahrtrichtungsänderung darf immer nur im Stillstand vorgenommen werden und ein versehentliches Schalten muss durch eine spezielle Sicherung, die Wendeschaltsperre, ausgeschlossen werden. Das Wendegetriebe bildet häufig mit dem Hauptgetriebe, das für die Drehmomentwandlung verantwortlich ist, eine Einheit.

4.4.2 Das Stufengetriebe

Neben dem Wendegetriebe verfügen die meisten Diesellokomotiven über ein Stufengetriebe. Das Stufengetriebe ist ein Übersetzungsgetriebe und häufig unter den Begriffen Schnell- und Langsamgang (Streckenloks) oder Strecken- und Rangiergang (Rangierloks) bekannt. Schaltbare, unterschiedlich große Zahnräder sorgen für eine Untersetzung im Verhältnis zwischen zwei zu eins und 1,5 zu eins. Wie das Wendegetriebe darf auch das Stufengetriebe nur im Stillstand geschaltet werden. Die Untersetzung im Rangier- oder Langsamgang sorgt für eine Steigerung der Zugkraft.

4.4.3 Das Verteilergetriebe

Das Verteilergetriebe sorgt für die gleichmäßige Verteilung des Kraftflusses, beziehungsweise des Drehmoments auf alle Radsätze bei Lokomotiven mit unabhängigen Radsätzen. Loks, bei denen alle Radsätze mit Stangenantrieb bewegt werden, benötigen dieses Getriebe nicht. Verteilergetriebe können auch für Nebenabtriebe beispielsweise zur Anlasslichtmaschine erforderlich sein.

4.4.4 Das Radsatzgetriebe

An der angetriebenen Achse muss das vom Motor gelieferte Drehmoment um 90° Grad gedreht werden, da Motor und Getriebe nicht quer zur Fahrtrichtung eingebaut sind. Dafür sorgt das Radsatzgetriebe. Bei der Klose-Sulzer-Lok aus dem Jahr 1913 wurde der Fahrdiesel auch deshalb quer zur Fahrtrichtung eingebaut, um auf dieses spezielle Getriebe verzichten zu können. Radsatzgetriebe bestehen hauptsächlich aus einem Kegelzahnradpaar, das bei vielen Getrieben noch um eine Untersetzungsstufe erweitert ist. Das Radsatzgetriebegehäuse muss noch mit einer Drehmomentstütze am Lokrahmen beziehungsweise Drehgestell befestigt werden, damit es sich nicht mit der Achse mitdreht.

4.4.5 Radsatzwende- und UV-Getriebe

Viele dieser unterschiedlichen Getriebebauarten werden in speziellen Kombinationsgetrieben zusammengelegt. Das Radsatz- und das Wendegetriebe werden im Radsatzwendegetriebe vereinigt. Das Umschalt- und Verteilergetriebe, kurz UV-Getriebe, ist die Kombination aus Ver-

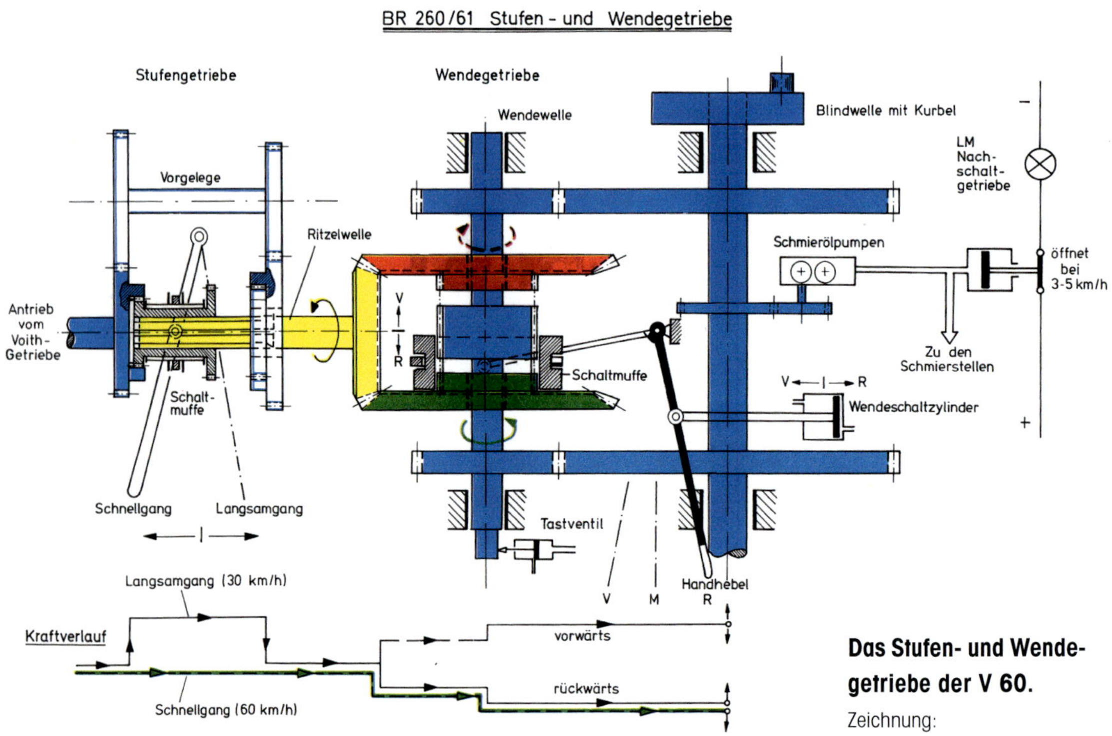

Das Stufen- und Wendegetriebe der V 60.

Zeichnung: Sammlung Axel Kiebler

teiler- und Stufengetriebe. Nachschaltgetriebe kommen häufig bei Loks mit Blindwellen- und Stangenantrieb zum Einsatz.
In solchen Getrieben sind alle erforderlichen Bauteile wie Untersetzung, Richtungsänderung, Geschwindigkeitsstufen und Drehmomentrichtungsänderung vereint, da die Kraft nur an der Blindwelle zur Verfügung stehen muss.
Moderne DH-Dieselloks, die auch für den Rangiereinsatz verwendet werden, erhalten seit den 1960er-Jahren oft Turbowendegetriebe, die eine Fahrtrichtungsänderung auch während der Fahrt erlauben.

4.5 Gelenkwellen, Stangen und Ketten

Vom Abtrieb der Kurbelwelle des Dieselmotors muss das Drehmoment weitergeleitet beziehungsweise übertragen werden. Zwischen Motor und Radsatz sorgen verschiedene Maschinen wie Generator, Getriebe für die erforderliche Drehmomentwandlung und –richtung. Beim dieselelektrischen Antrieb wird nach dem Generator die Motorleistung zwar elektrisch übertragen, aber spätestens an der Achse wird auch hier aus der elektrischen Energie erneut eine mechanische Bewegung beziehungsweise ein Drehmoment erzeugt. Bei mechanischen und dieselhydraulischen Antrieben gibt es noch mehr mechanische Übertragungswege, bevor das Drehmoment wirklich am Radsatz zur Verfügung steht. Zwischen diesen verschiedenen Bauteilen herrscht ein mechanischer Kraftschluss, der von geeigneten Übertragungsgliedern geleistet wird. Zwei Leitideen prägen alle Kraftübertragungskonzepte. Das Hauptgetriebe, in dem die Drehmomentwandlung stattfindet, sollte auch aus Kostengründen möglichst nur einmal im Fahrzeug verwendet werden und die Übertragungswege sollten möglichst kurz sein.

4.5.1 Gelenkwellen

Zwischen den einzelnen Bauteilen Motor, Getriebe und Radsatz sorgen inzwischen überwiegend Gelenkwellen für den erforderlichen Kraftschluss. Die meisten kennen die Gelenkwellen auch unter dem Namen Kardanwelle, der ihren Erfinder, den italienischen Mathematiker Geronimo Cardano (1501–1576), ehrt.
Im Gegensatz zu starren Wellen, befinden sich bei diesen speziellen Wellen an beiden Enden Kreuzgelenke. Dadurch können Kardanwellen, im begrenzten Maß, auch zur Richtungsänderung des Antriebsstrangs genutzt werden und können innerhalb der Lokomotive auf einfachem Weg Höhenunterschiede, etwa vom Hauptgetriebe zu den Radsätzen, überwinden. Meist ist auch ihre Länge noch variabel, so dass sie auch eine freie Federung des Fahrzeugs erlauben und in der Kurvenfahrt keine Probleme bereiten. Nur die Verwendung von Gelenkwellen ermöglicht in dieselmechanischen oder dieselhydraulischen Triebfahrzeugen den Einzelachsantrieb.

4.5.2 Stangenantrieb

Vor der Verwendung von Kardanwellen griffen die Lokomotivkonstukteure auf den Stangenantrieb mit Blindwelle zurück, der im frühen E-Lokbau, zu Zeiten der großen Einzelmotoren, bis Mitte der 1920er-Jahre üblich war. Zunächst hat der Stangenantrieb scheinbar einige verlockende Vorteile: Verzicht auf aufwändigen Einzelachsantrieb, alle Getriebeteile wie Stufen-, Wendegetriebe können in einem Nachschaltgetriebe vereinigt werden. Aber in der Realität überwiegen die Nachteile.
Am Anfang steht das Prinzip von einer quer zur Fahrtrichtung verlaufenden Blindwelle, die so heißt, weil sie nicht direkt mit einem Radsatz verbunden ist: Sie nimmt eine Treibstange mit, die einen Treibradsatz antreibt. Von diesem Treibradsatz werden in der Regel weitere Fahrzeugradsätze mittels Kuppelstangen in Schwung

gebracht. Die Rotation der Blindwelle wird zunächst in eine oszillierende Hin- und Herbewegung transformiert, die am Radsatz wieder zur Rotation gewandelt wird. Der Stangenantrieb kennzeichnet sich durch einen schwankenden Drehmomentverlauf, der bei einer bestimmten Kurbelwellenstellung den Wert Null annehmen kann. Das wird dadurch ausgeglichen, dass die Treibstangen an beiden Seiten des Fahrzeugs um 90° versetzt sind. So ist auch gewährleistet, dass in jeder Treibstangenstellung ein Drehmoment wirken und die Lokomotive immer anfahren kann.

Auch wenn das Prinzip des Stangenantriebs einfach ist, so sind seine Nachteile so erheblich, dass er inzwischen bei Fahrzeugneuentwicklungen nicht mehr verwendet wird: An jeder Fahrzeugseite wirkt ständig ein unterschiedliches Drehmoment, was sich unweigerlich auf das Fahrverhalten auswirkt. Die beweglichen Massen müssen durch Gegengewichte ausgeglichen werden. Ein großes Gegengewicht sitzt auf der Blindwelle, die anderen sind in den Radsätzen untergebracht. Weil die Kuppel- und Treibstangen und die zugehörigen Lager außen auf den Radsätzen angreifen, müssen diese wiederum zwangsläufig innengelagert sein. Der starre Stangenantrieb schränkt die Federungsmöglichkeiten des Fahrzeugs ein.

An der Blindwelle einer V 60 der DB AG ist deutlich das Gegengewicht zum Massenausgleich zu erkennen.

4.5.3 Ketten

Bei Kleinlokomotiven wurde anfangs häufig auch mit einem Kettenantrieb die Kraft auf die Radsätze übertragen. Da die Kette nicht beliebig schnell rotieren darf, ist die beschränkte Höchstgeschwindigkeit der kettenangetriebenen Fahrzeuge ein Manko. Eine Kette mit vielen einzelnen Gliedern ist ein Verschleißteil, das an vielen Stellen Bruchmöglichkeiten bietet. Ketten können sich dehnen und müssen nachgestellt werden können.

5. Die Nebeneinrichtungen des Dieselmotors

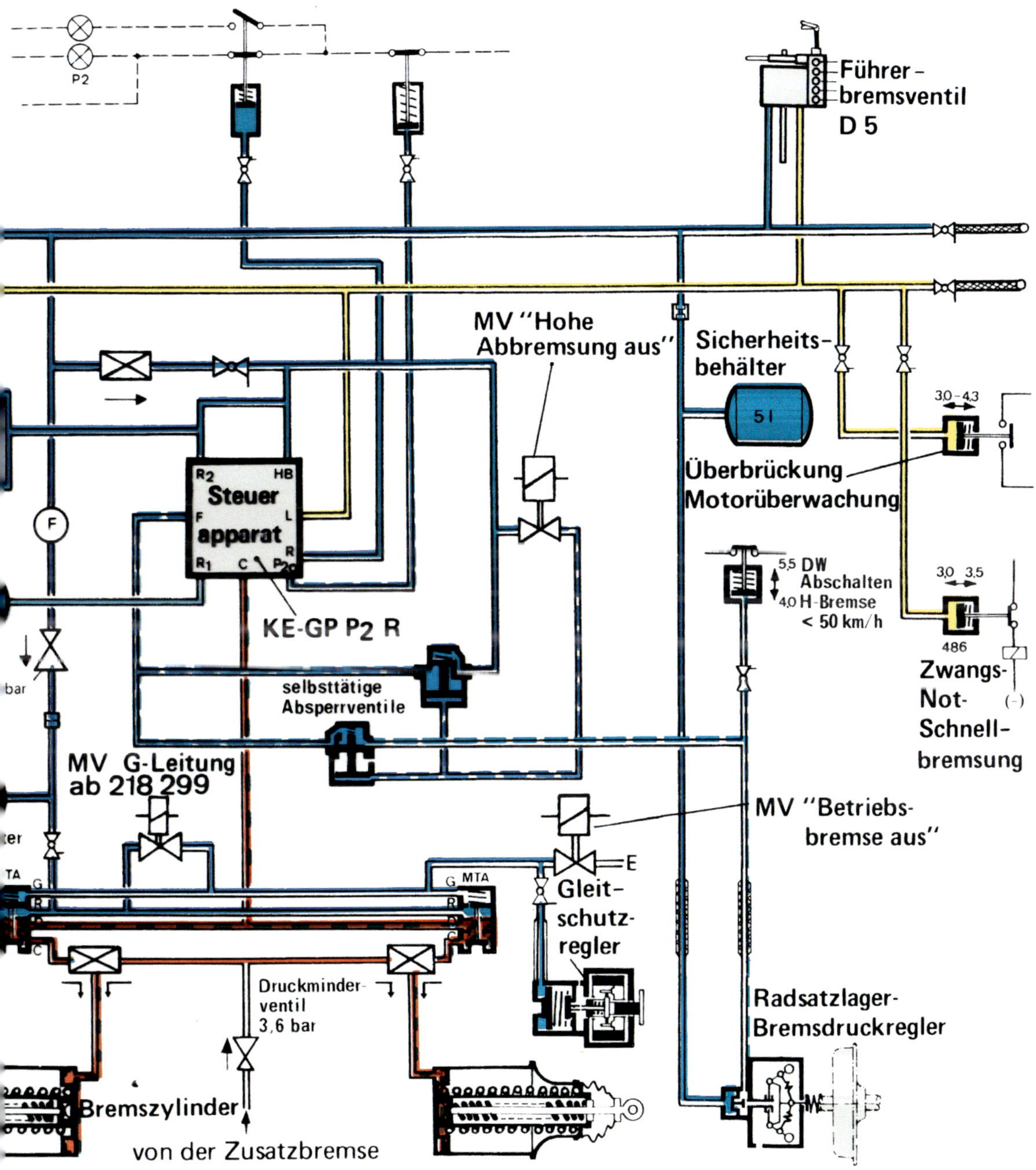

P2
Führer-
bremsventil
D 5
MV "Hohe
Abbremsung aus"
Sicherheits-
behälter
51
3,0 – 4,3
Überbrückung
Motorüberwachung
R2
HB
Steuer
apparat
F
L
R
R1
C
P2
KE-GP P2 R
F
5,5 DW
Abschalten
4,0 H-Bremse
< 50 km/h
3,0 3,5
486
Zwangs-
Not-
Schnell-
bremsung
(–)
bar
selbsttätige
Absperrventile
MV G-Leitung
ab 218 299
MV "Betriebs-
bremse aus"
TA
G
R
C
G MTA
R
C
E
Gleit-
schutz-
regler
Druckminder-
ventil
3,6 bar
Radsatzlager-
Bremsdruckregler
Bremszylinder
von der Zusatzbremse

5.1 Das Anlasssystem

Beim Anlassen eines Dieselmotors muss der Motor auf seine Mindestzünddrehzahl gebracht werden. Er muss dabei vom Antriebsstrang getrennt sein. Diese Mindestdrehzahl liegt ungefähr bei 100 bis 200 Umdrehungen pro Minute. Dann reicht der im Zylinder aufgebaute Druck und die damit verbundene Erwärmung der Verbrennungsluft. Ein großer Motor benötigt eine höhere Leistung des Anlasssystems, da die bewegten Massen auch entsprechend steigen. Bei tiefen Temperaturen, wenn das Schmieröl zähflüssig ist, steigt der Leistungsbedarf ebenfalls.

Es gibt zwei Systeme den Motor anzuwerfen: Pneumatisch mit Luft oder elektrisch mit der Anlasslichtmaschine.

Die pneumatische Anlasseinrichtung arbeitet mit Druckluft, die in die Zylinder eingeleitet wird. Im Prinzip ist dies dasselbe Verfahren, das man auch bei der Klose-Sulzer-Lok einsetzte. Nur beim Anlassen des Motors muss nicht die komplette Lok bewegt werden. Wichtig ist, dass nur Zylinder, deren Kolben sich am oberen Totpunkt befinden, mit Luft beschickt werden. Die Steuerung der Anlassluft übernehmen spezielle Ventile, die zusätzlich im Zylinderkopf eingebaut sein müssen. Die Anlassventile werden entweder mechanisch von der Nockenwelle angesteuert oder mit Steuerdruckluft betrieben. Der von der Luft nach unten gedrückte Kolben treibt die Kurbelwelle und damit alle anderen Zylinder sowie die Einspritzpumpe, die umgehend Kraftstoff einspritzt, an. Sobald der Motor läuft, wird das Anlassventil geschlossen.

Die BBC-Anlasslichtmaschine der 753 001. Der Hebel mit dem gelben Griff dient dem Bremsstellungswechsel (Bremsartwechsel), der rote Griff ist der Bremsabsperrhahn.

Die Druckluft wird entweder von einem speziellen Anlassluftverdichter produziert oder mit Ladeventilen wird dem Motor im Betrieb ein Gemisch aus verdichteter Luft und Abgas entnommen und in speziellen Stahlflaschen gespeichert. Bei einem solchen Anlasssystem reicht die gespeicherte Luft bei kaltem Motor für vier bis fünf Startversuche. Ein Vorteil der Druckluftanlasser ist, dass man die Batteriekapazität der Lokomotive deutlich reduzieren kann.

Inzwischen haben sich aber elektrische Anlasser durchgesetzt. Wichtigstes Bauteil ist ein kräftiger Elektromotor, der das erforderliche Anlassdrehmoment entwickeln kann. Der Anlasser wird von der Bordbatterie gespeist und besitzt ein spezielles Anlassritzel, das auf dem Anker befestigt ist und in den Anlasszahnkranz auf der Schwungscheibe des Diesels eingreift. Sobald der Motor läuft, kuppelt das Anlassritzel automatisch aus. Man unterscheidet Schubtrieb-, Schraubtrieb- und Schubankeranlasser.

Eine besondere Bauform ist die Anlasslichtmaschine, die ständig mit dem Dieselmotor verbunden ist. Beim Anlassen wirkt die Anlasslichtmaschine als Doppelschlussmotor mit überwiegend Reihenschlusscharakteristik. Sobald der Selbstzünder läuft, wird die Reihenschlusswicklung abgeschaltet, und die Lichtmaschine arbeitet als Nebenschlussgenerator und gewährleistet die Bordstromversorgung und lädt die Bordbatterie.

5.2 Das Lüftersystem

Zum Kühlkreislauf der Lok gehört eigentlich auch das Lüftersystem. Eine Diesellok verbraucht sehr viel Frischluft. Der Motor benötigt sie zur Verbrennung und die in der Lok entstehende Wärme wird mittels Luft abgeführt. Große Lüfterräder sorgen für die Umwälzung der Luft, zahlreiche Jalousien, die geregelt werden können, lassen frische Außenluft einströmen.
Große Lüfterräder sind nötig, um die aufgewärmte Luft nach außen abzuführen. Die angetriebenen Lüfterräder sind insbesondere im Stillstand und bei hohen Außentemperaturen unverzichtbar, auch wenn die Abkühlung durch den Fahrtwind erheblich zur Kühlung beiträgt. Ein 735-kW-Motor benötigt zur Wärmeabfuhr ungefähr 45.000 bis 50.000 m^3 Frischluft pro Stunde! Das Lüftungssystem muss sich immer dem aktuellen Bedarf des Dieselmotors anpassen und wird deshalb auch von diesem geregelt. Es gibt Lüftermotoren, die direkt mechanisch über Abtrieb oder mit Keilriemen vom Dieselmotor angetrieben werden. Der elektrische Antrieb ist auch möglich. Die erforderliche Spannung wird dabei dem Bordnetz entnommen. Lüftermotoren werden seit einigen Jahrzehnten meist hydrostatisch oder hydrodynamisch bewegt.
Der hydrostatische Lüfterantrieb besteht aus einer Axialkolbenpumpe und einem ähnlichen Axialkolbenmotor. Die Pumpe wird vom Dieselmotor angesteuert und drückt Öl in einen Kreislauf. Im Ölmotor wird das Prinzip umgekehrt und der Öldruck der Pumpe sorgt für die Rotationsbewegung. Beim hydrodynamischen Lüfterantrieb wird über den Füllungsgrad einer hydrodynamischen Kupplung die Drehzahl des Lüfterrades geregelt.
Die Kühlluftanlage muss für die höchsten denkbaren Außentemperaturen ausgelegt werden, um auch im Hochsommer einen sicheren Betrieb gewährleisten zu können. Bei tieferen Temperaturen muss die Anlage sich den Erfordernissen automatisch anpassen können und der Lüfter muss auch abgeschaltet werden können. Beim elektrischen Lüfterantrieb erzeugt ein vom Fahrdieselmotor angetriebener Drehstromgenerator eine Frequenz, die von der Drehzahl des Motors abhängig ist. Die Rotationsgeschwindigkeit des Drehstromlüftermotors ist frequenzabhängig und passt sich so automatisch dem Bedarf an.
Beim hydrostatischen Antrieb regelt ein spezielles Steuerelement, das sich nach einem Kühlwasserthermostaten richtet, den Öldruck und die –menge und dadurch die Rotation des Lüfterrades.
Die typischen Jalousien, die die meisten Dieselloks an den Gehäuseseiten und auf dem Dach haben, öffnen sich ebenfalls automatisch. Sie werden entweder hydraulisch oder pneumatisch bewegt.

Die Dachjalousien der 218 399 sind nur einseitig geöffnet. Die Lok steht in Lindau und es handelt sich um die ehemalige 215 112, die nach einem Unfall der Baureihe 218 angeglichen wurde.

Foto: Axel Kiebler

5.3 Die Vorwärm- und Warmhalteanlage

Ob pneumatisch oder elektrisch – der Kaltstart belastet eine Lokomotive immer, vor allem im Winter, wenn die Temperaturen in den Keller gehen. Es muss bei wassergekühlten Dieselmotoren zu jeder Zeit sicher ausgeschlossen werden, dass das Kühlwasser einfriert, da es sonst unweigerlich zu einem schweren Motorschaden käme. Dies wäre mit Frostschutzmittel zu verhindern, aber die Mengen, die bei Kreisläufen mit mehreren 100 Litern Kühlwasser erforderlich wären, sind unwirtschaftlich teuer. Im Kühlwasserkreislauf einer 218 zirkulieren immerhin 1300 Liter Wasser.

Da der Kühlwasserkreislauf mit dem Schmieröl- und dem Getriebeölkreislauf über Wärmetauscher verbunden ist, kann über die Kühlwassertemperatur auch die Temperatur der Ölkreisläufe reguliert werden.

Aber auch eine zu geringe Kühlwassertemperatur ist problematisch. Die nötige Temperatur zur Selbstzündung würde nicht schnell genug erzielt. Das gesamte Anlasssystem wird stark belastet durch eine verlängerte Startdauer und höhere notwendige Drehmomente, weil das Schmieröl zähflüssiger ist. Bei der Kraftstoffverbrennung entstehen bei den ablaufenden chemischen Prozessen auch aggressive Zwischen- und Verbrennungsprodukte (Schwefelanteil). Der Ölfilm schützt die Wände der Laufbuchsen vor der Korrosion durch diese chemischen Verbindungen. Ist das kalte Schmieröl zu zäh, kann der Ölfilm reißen

360 127 steht im Bw Saarbrücken im Warmhaltebetrieb. Das Fremdstromkabel sorgt dafür, dass die Batterie nicht belastet wird.

Vorwärmgerät einer Baureihe 218.

und schützt das Metall nicht mehr vollständig. An ölfreien Stellen kann auch Metall auf Metall reiben und für zusätzlichen Verschleiß sorgen.
Als Mindestkühlwassertemperatur geht man von etwa 40° C aus. Aber auch bei dieser Temperatur ist der Verschleiß im Motor mehr als zehnmal höher als bei der Betriebstemperatur, die etwa bei 80°C liegt. Der Kraftstoffverbrauch erhöht sich und es kommt zu umweltschädlicher Weißrauchbildung. Deshalb baut man in Diesellokomotiven Vorwärmanlagen ein. Sie können mit bordeigener Energie beziehungsweise im Bw oder Bahnhof auch mit Fremdenergieeinspeisung versorgt werden. Das Vorwärmen soll das Anlassen vereinfachen und zu große Wärmespannungen im Motor vermeiden. Meist ist die Vorwärmanlage auch als Warmhalteanlage konzipiert und sorgt dafür, dass das Kühlwasser gar nicht erst zu weit abkühlt. Wichtig ist, dass die Vorwärmanlage eigenständig arbeitet, um kein zusätzliches Personal zu benötigen.

Es gibt unterschiedlichste Konzepte für Vorwärm- und Warmhalteanlagen. Häufig wird das Kühlwasser mit Dampf erwärmt, der von einem Heizkessel erzeugt wird. Das geschieht vorzugsweise bei älteren Lokomotiven mit Dampfheizung. In einem speziellen Drei-Kreis-Wärmetauscher streicht der Dampf um das Kühlwasser und gibt seine Wärme ab. Als drittes Medium kann das für den Dampfkessel benötigte Kesselspeisewasser mittels einer Tauscherkreispumpe durch diesen Wärmetauscher geleitet werden, um so Speisewasser und Dampfkessel während der Abstellung im Freien warm zu halten und vor dem Einfrieren zu schützen. Das Kühlwasser wird von einer elektrischen Kühlwasser-Umwälzpumpe umgewälzt. Geregelt wird das Vorwärmen und Warmhalten von Thermostaten.
Moderne Lokomotiven mit elektrischer Zugheizung haben kein Dampfreservoir zum Vorwärmen. Sie haben direkt wirkende Warmhalteeinrichtungen. Ein Brenner verbrennt Dieselkraftstoff der Wasser

aufheizt. Um das heiße Wasser strömt das Kühlwasser und nimmt dabei die Wärme auf. Um das so genannte Versulzen des Dieselkraftstoffs zu vermeiden, wird bei vielen Lokomotiven der Kraftstoff über einen Wärmetauscher im Kühlwasserkreis warm gehalten. Auch das Schmieröl ist über den Motorölwärmetauscher in die Warmhaltung integriert und wird von einer eigenen elektrischen Pumpe während der Abstellung der Lokomotive umgewälzt.

Der Kraftstoffverbrauch eines Vorwärm- beziehungsweise Warmhaltegeräts ist nicht unerheblich. Eine 218, die im Winter im Freien abgestellt ist, und bei sehr tiefen Temperaturen sich permanent im Vorwärmbetrieb befindet, braucht pro Stunde 15 bis 20 Liter Kraftstoff für den Vorwärmbetrieb. Eine Reservelok, die gar nicht im Einsatz ist, bräuchte in 24 Stunden rund 400 Liter Diesel nur dafür, nicht einzufrieren und in vergleichsweise kurzer Zeit betriebsbereit zu sein!

5.4 Die Druckluftanlage

Eine der wichtigsten Nebeneinrichtungen in der Diesellok ist die Anlage zur Erzeugung von Druckluft. Mit Druckluft wird nicht nur die Bremse betrieben, viele Steuerungseinrichtungen werden ebenfalls pneumatisch betrieben. Zu den wichtigsten Teilen, die mit Druckluft betrieben werden, gehören die Steuerung der Motorleistung über den Motorregler, die Getriebefüllung, die Wendeschaltung und diverse Nebenbetriebe wie die Spurkranzschmierung, die Sandstreuanlage, das Signalhorn, die Scheibenwischer und bei einigen Typen spezielle mit Druckluft betriebene Vorrichtungen wie etwa das pneumatische Anlasssystem.

Eine Diesellok benötigt deshalb eine Maschine zur Erzeugung von Druckluft und ein Speichersystem. Der so genannte Luftpresser wird entweder vom Dieselmotor angetrieben oder von

Ein Kolben-Luftpresser der Baureihe 218: Der linke Teil ist der zugehörige Elektromotor, im rechten Teil sind die Deckel der acht Einzelkolben zu erkennen.

einem Elektromotor oder von einem hydrostatischen Motor. Er ist entweder als Hubkolben- oder Schraubenverdichter ausgeführt. Meist wird die Luft in zwei Kompressionsstufen mit Zwischenkühlung komprimiert. Die Zwischenkühlung wirkt wie die Ladeluftkühlung bei der Abgasturboaufladung und sorgt auch für eine geringere thermische Belastung der zweiten Verdichtungsstufe. Die verdichtete Luft wird in einem oder mehreren Hauptluftbehältern gesammelt. Der Druck im Hauptluftbehälter beträgt 8,5 bis 10 bar oder 0,8 bis ein Megapascal. Ein Sicherheitsventil (in der Regel bei 11 bar) begrenzt den Druck, falls die Luftpresser von deren Steuerung nicht rechtzeitig abgeschaltet werden. Von den Hauptluftbehältern werden über verschiedene Leitungen sämtliche mit Druckluft gesteuerten Einrichtungen versorgt. Da nicht alle Einrichtungen mit dem vollen, üblichen Behälterdruck von 8,5 bis 10 bar arbeiten, sind unter anderem Druckminderventile eingebaut (zum Beispiel 5,7 bar für die Steuerluft der Motor- und Getriebesteuerung). Das Zusatzbrems- und das Führerbremsventil werden ebenfalls von der Hauptluftbehälterleitung gespeist. Über das Zusatzbremsventil gelangt Luft direkt aus den Hauptluftbehältern in die Bremszylinder der Lok. Folglich wirkt es nur auf die Bremsanlage des Triebfahrzeugs.
Lokomotiven haben an ihrer Stirnseite mechanisch kuppelbare Luftschläuche für die Hauptluftbehälter- und die Hauptluftleitung, die mit den Luftleitungen der Wagen verbunden werden können. Diese charakteristischen flexiblen Schläuche haben Luftabsperrhähne. Hierbei dient die Hauptluftbehälterleitung nur als Versorgungsleitung für alle im Zug befindlichen Verbraucher der einzelnen Wagen. Die Hauptluftleitung, deren Druck über das Führerbremsventil geregelt wird, ist nichts anderes als die Steuerleitung für alle an sie angeschlossenen Bremsen im Zugverband. Jeder Wagen hat, wie die Lok auch, einen eigenen Vorratsluftbehälter für die Bremse und sein eigenes Steuerventil.

Bei einem geschobenen Wendezug beginnt deshalb die Hauptluftleitung nicht in der Lok, sondern am Führerbremsventil im Führerstand des Steuerwagens, welches jedoch über die Luftpresser der Lok und die Hauptluftleitung mit 8,5 bis 10 bar Druck versorgt wird.
Es gibt drei Hauptverbraucher für Druckluft: Die Bremsanlage, die pneumatisch gesteuerten Anlagen und Verluste in den Leitungen durch Undichtigkeiten.

5.5 Das Kraftstoffsystem

Das dominante Bauteil der Kraftstoffanlage ist der Tank. Für eine ausreichend große Reichweite der Lokomotive ist er großzügig bemessen und nimmt ein großes Volumen ein. Der Kraftstoffbehälter ist die größte Gewichtsvariable einer Lokomotive. Der Unterschied zwischen einem leeren und einem vollen Tank kann mehrere Tonnen betragen. Um stets eine symmetrische Gewichtsverteilung im Fahrzeug zu haben, sind die Tanks in der Regel in der Fahrzeugmitte und für einen tieferen Schwerpunkt unter dem Fahrzeugboden angeordnet. Der Tank versorgt zunächst den Fahrdieselmotor mit Kraftstoff, aber auch eventuell vorhandene Hilfs- und Heizdieselmotoren sowie Vorwärmanlagen. Schwallbleche im Tankinneren verhindern ein übermäßiges Hin- und Herschwappen der bis zu mehreren 1000 Liter Dieselkraftstoff. Am tiefsten Punkt des Tanks befindet sich ein Schlammsack, der Verunreinigungen sammelt. Der Tank steht nicht unter Druck und auch das Betanken erfolgt unter Atmosphärendruck. Schaugläser oder Schwimmer zeigen den Füllungsgrad.
Eine oder mehrere mechanische oder elektrische Kraftstoffförderpumpen führen dem Fahrdiesel und allen anderen Einrichtungen Dieselöl zu. Die Pumpenleistung ist in der Regel konstant und überdimensioniert und sorgt dafür, dass der Motor wesentlich mehr Diesel zugeführt bekommt

Die Schaugläser des Tanks einer Diesellok der Baureihe 218.

als er benötigt. Das garantiert, dass stets die maximale Motorleistung abgerufen werden kann. Über ein Überströmventil fließt der nicht benötigte Kraftstoff ins Vorratsgefäß zurück. Dadurch wird das Dieselöl ständig umgewälzt und die ungewollte Ausscheidung von Paraffin vor allem bei tiefen Temperaturen wird verringert. Dennoch muss im Winter, da die Tanks meistens außen und tief angeordnet sind, Vorsorge gegen das Versulzen getroffen werden. Deshalb wird bei vielen Loks der Kraftstoff über Wärmetauscher durch das Kühlwasser vorgewärmt. Die Kraftstoffpumpen können im Warmhaltebetrieb als Umwälzpumpen genutzt werden.

5.6 Das Bremsen der Lok

Moderne Lokomotiven sind mit mehreren Bremssystemen ausgestattet. Das Bremssystem arbeitet direkt oder indirekt pneumatisch. Bremsklötze beziehungsweise –beläge wirken mehr oder weniger stark auf die Lauffläche des Radsatzes oder eine Bremsscheibe. Neben der Druckluftbremse gibt es noch eine mechanische Bremsanlage, Triebfahrzeuge mit hydrodynamischer Kraftübertragung verfügen meist über eine hydrodynamische Bremse, den Retarder, dieselelektrische Lokomotiven können mit einer elektrischen Bremse ausgestattet werden und als letztes Bremssystem sei noch die Magnetschienenbremse erwähnt.

5.6.1 Die Feststellbremse

Jede Lokomotive hat eine Feststellbremse, die zur Sicherung der abgestellten Lok dient. Die gewöhnliche Handbremse wirkt über ein Spindelrad auf das Bremsgestänge der pneumatischen Bremsanlage. Häufig wirkt die Handbremse nur auf ein Drehgestell oder auf bestimmte Bremsklötze.
Moderne Lokomotiven verfügen meist über so genannte Federspeicherbremsen. Diese Feststellbremsen sind ebenfalls Druckluftbremsen. Sie legen an, wenn der Druck im Federspeicherzylinder abgelassen wird. Im Betrieb muss mit Druckluft die Federspeicherbremse gelöst werden. Sie bietet einige Vorteile: Es kann auf die mechanische Übertragung vom Führerstand auf das Bremsgestänge verzichtet werden, was zu einer geringeren Masse des Feststellbremssystems führt. Die Bremskraft ist nicht mehr von der Umdrehungszahl am Spindelrad und somit

vom Bediener abhängig. Die Federspeicherbremse wirkt immer mit der gleichen Kraft und ihr Betriebszustand kann im Führerstand angezeigt werden. Außerdem kann mit dem Einbau der Federspeicherbremse über eine Überwachungskette verhindert werden, dass die Lok mit angelegter Feststellbremse anfährt.

Allerdings muss eine mechanische Notlösevorrichtung vorhanden sein, die es ermöglicht, auch eine luftleere Lok zu bewegen.

5.6.2 Die Druckluftbremse

Bei der Druckluftbremsanlage steht die Bremsleitung bei gelöster Bremse unter Druck. Um eine Bremsung einzuleiten, muss Druck aus der Bremsleitung abgelassen werden. Es gibt ein- und mehrlösige Bremsen, die vom Führerstand der Lok mit Bremsventilen gesteuert werden. Moderne Triebfahrzeuge sind nur mit mehrlösigen Bremsen ausgestattet. Eine mehrlösige Bremse erlaubt es, einen eingeleiteten Bremsvorgang durch stufenweisen Druckaufbau in der Bremsleitung auch stufenweise wieder zu lösen bis die gewünschte Geschwindigkeit erreicht ist, was vor allem bei Fahrten im Gefälle sehr hilfreich sein kann.

Im Gegensatz dazu, löst eine einlösige Bremse schon bei geringster Druckerhöhung in der Hauptluftleitung komplett aus. Außerdem sind einlösige Bremsen erschöpfbar. Wird unmittelbar auf einen Lösevorgang sofort wieder gebremst, kann sich der Hilfsluftbehälter nicht vollständig füllen und so können die nachfolgenden Bremsungen nicht mehr ihre maximale beziehungsweise die vom Lokführer gewollte Wirkung erreichen. Dieses Wechselspiel führt im Extremfall dazu, dass der Zug irgendwann gar nicht mehr bremst!

Dem Lokführer stehen im Führerstand zwei Druckluftbremsen zur Verfügung: Die selbsttätige, indirekte Druckluftbremse für Lok und Zug, die über das Führerbremsventil gesteuert wird, sowie die nicht selbsttätige Druckluftbremse der Lok, die über das Zusatzbremsventil gesteuert wird. Die Luft in der Bremsleitung wirkt auf einen oder mehrere unter dem Fahrzeugboden oder am Drehgestell angebrachte Bremszylinder. Der Kolben im Zylinder bewegt sich je nach Druckverhältnis und über ein Bremsgestänge legen sich die Klötze auf die Radreifen, die ein- oder beidseitig des Rades angeordnet sein können oder es greifen die Bremsbacken der Scheibenbremsanlage.

Führerbremsventil (re.) und Zusatzbremsventil (mitte) einer Rangierlok der Baureihe 332.

Messlineal zur Anzeige des Bremskolbenhubs. Der indizierte Messbereich entspricht einem Bremskolbenhub von 50 bis 120 Millimeter. Pro Betriebstag nutzen sich die Bremsklötze einer Baureihe 218 um etwa einen Millimeter ab, das entspricht einer Verstellung des Zeigers am Lineal um etwa sieben Millimeter. Spätestens alle zehn Tage muss das Bremsgestänge einer Lok nachgestellt werden.

Das Bremsgestänge ist so konstruiert, dass möglichst auf alle Bremsklötze, die aus Grauguss oder Kunststoff sein können und als Verschleißteile regelmäßig gewechselt werden müssen, eine gleichmäßige Kraft wirkt. Da sich sowohl die Radreifen als auch die Bremsklötze abnutzen, was sich auf den Kolbenhub im Bremszylinder auswirkt, muss das Bremsgestänge regelmäßig nachgestellt werden.

Die Hauptbremsleitung wird mit dem Führerbremsventil gesteuert. Es gibt unterschiedliche Bauarten von Führerbremsventilen, welche grundsätzlich in selbstregelnde und nichtselbstregelnde Bremsventile unterschieden werden. Das Führerbremsventil, eigentlich nur ein vom Lokführer geregeltes Druckminderventil, reduziert den Behälterdruck auf 5,0 bar in der Lösestellung. Dort erst beginnt die Hauptluftleitung (Bremsleitung) zum Steuerventil, welches auf die Druckabsenkungen beziehungsweise -erhöhungen (zwischen 3,5 und 5,0 bar) in der Hauptluftleitung reagiert, umsteuert und so aus einem weiteren Vorratsluftbehälter (8,5 bis 10 bar) Luft in die Bremszylinder gelangt und die Bremse von Lok und Wagenzug angelegt oder wieder gelöst werden kann. Bei einem Druck von 3,5 bar ist die maximale Bremswirkung erreicht.

Der Unterschied besteht darin, dass selbstregelnde Ventile Druckverluste durch Undichtigkeiten nicht nur in der Löse- beziehungsweise Fahrtstellung nachspeisen, sondern auch in den einzelnen Bremsstufen der Leitungsdruck konstant gehalten wird. Bei nicht-selbstregelnden Ventilen werden Druckverluste nur in der Fahrtstellung nachgespeist. Dies bedeutet, dass sich bei diesen Ventilen eine eingeleitete Bremsung bei Leitungsverlusten verstärken würde, da der Druck in der Hauptluftleitung weiter abfällt, als anfänglich eingeregelt.

Das Selbstregler-Bremsventil D2 beziehungsweise D5 der DB hat etwa dreizehn verschiedene Stellungen. Das Bremsprinzip ist jedoch immer ähnlich: In der Löse- oder Fahrtstellung wird die Druckluftleitung mit dem Betriebsdruck beaufschlagt und die Bremse löst sich. Druckverluste in der Leitung werden automatisch nachgeregelt.

In den Bremsstellungen wird die Hauptluftleitung um einen der Bremsstellung entsprechenden Druckunterschied zum Regeldruck entleert, und der Bremszylinderdruck steigt entsprechend an. In der letzten Bremsstufe, der so genannten Vollbremsstellung wird der Leitungsdruck auf 3,5 bar abgesenkt und die maximale Bremswirkung eingeregelt. Bei völliger Entleerung der Hauptluftleitung durch eine Zwangs-, Not- oder Schnellbremsung wird die Bremswirkung gegenüber der Vollbremsung nicht erhöht, sie wird lediglich schneller erreicht.

Zieht der Lokführer das Ventil zu sich heran bewegt er das Ventil in Richtung Bremsen, die andere Richtung bewirkt das Lösen der Bremsen.

5.6.3 Die H-Bremse

Die hydrodynamische Bremse, auch H-Bremse genannt, ist eine hocheffektive Getriebebremse, die jedoch nur während der Fahrt funktioniert. Ihr größter Vorteil ist die weitgehende Verschleißfreiheit. Sie ist auch leiser im Vergleich zu Klotzbremsen. Die H-Bremse wurde erforderlich, als bei Lokomotiven mit hydrodynamischer Kraftübertragung auch die Höchstgeschwindigkeit gesteigert werden sollte. Mit einer reinen Druckluftbremsanlage war bei Vorsignalabständen von 1000 Metern nur eine Höchstgeschwindigkeit von 130 km/h zulässig. Ihre Wirkungsweise ist im theoretischen Teil des Buches erklärt. Die H-Bremse wird über einen eigenen Bremssteller, der mit dem Führerbremsventil mechanisch gekuppelt ist, in mehreren Bremsstufen geregelt. Durch Drücken einer Sperrklinke im Bremssteller kann mit diesem die H-Bremse auch alleine betätigt werden, zum Beispiel für Regulierungsbremsungen, wenn ihre Bremskraft dafür ausreicht, oder um die Geschwindigkeit im Gefälle zu halten. Jede Bremsstellung entspricht einem bestimmten Füllungsgrad mit Öl im Retarder. Wird die H-Bremse eingesetzt, geht der Dieselmotor automatisch in eine erhöhte Leerlaufdrehzahl, die eine verstärkten Ölumlauf im Bremsölkreis und im Kühlwasserkreislauf gewährleistet. Da im Retarder die Bewegungsenergie in Wärme verwandelt wird, muss dort eine erhebliche Wärmemenge abgeführt werden, für die auch ein eigener Bremsölwärmetauscher im Kühlkreislauf der Lokomotive eingebaut ist.

5.6.4 Die Magnetschienenbremse

Die Magnetschienenbremse ist eine sehr spezielle Zusatzbremse, die ausschließlich im Notfall oder bei Indusi-Zwangsbremsungen eingesetzt wird. Sie ist nicht regelbar und ihre Wirkung steigt mit abnehmender Geschwindigkeit. Im Notfall kann sie zu einer erheblichen Verkürzung des Bremswegs beitragen. In der Regel ist sie zwischen zwei Radsätzen eines Drehgestells aufgehängt, wird von zwei Hubzylindern gehalten und fällt im Einsatzfall auf das Gleis. Ihr Vorteil ist die Unabhängigkeit vom Rad-Schienesystem. Der Bremseffekt der Magnetschienenbremse beruht auf der Reibung des Bremskörpers auf der Schiene, der durch ein von Spulen erzeugtes Magnetfeld, dessen Feld (-linien) sowohl durch die Eisenkerne der Magnetschienenbremse als auch durch den Kopf der Schiene läuft, mit großer Kraft angezogen wird.

Eine Diesellok entsteht: Blick in die Montagehalle von Krauss-Maffei in München.

6. Der mechanische Teil

6.1 Rahmen und Kasten

Eine Diesellokomotive ist – vereinfacht ausgedrückt – eine Ansammlung zahlreicher unterschiedlicher Maschinen, die alle einen gewissen Platzbedarf und zum Teil erhebliches Gewicht haben. Platz und Gewicht sind für Schienenfahrzeuge jedoch bestimmende Größen. Das Lichtraumprofil, das jedes Land selbst festlegt, gibt die äußersten Abmessungen des Lokomotivquerschnitts bezüglich Höhe und Breite vor. Innerhalb dieses Lichtraumprofils müssen die Ingenieure alle Einrichtungen unterbringen, kein Teil des Fahrzeugkastens darf breiter oder höher sein. Das Gewicht hat ebenfalls eine große Bedeutung. Je nach befahrenem Schienenoberbau ist eine maximale Achslast festgelegt. In Mitteleuropa ist eine Achslast von ungefähr 20 Tonnen eine gute Orientierungsgröße. In Nordamerika sind Achslasten von 30 Tonnen nicht ungewöhnlich. Eine vierachsige Lok für das deutsche Schienennetz sollte nicht mehr als etwa 80 Tonnen wiegen, aber auch nicht weniger, da die Achslast in Zusammenhang mit der Zugkraft steht. Je höher das Gewicht beziehungsweise die Gewichtskraft auf den angetrieben Achsen, desto größer ist die Zugkraft.

Da vierachsige Lokomotiven in der Regel einen gleisschonenderen Betrieb ermöglichen, versuchen die Ingenieure meist sechsachsige Konstruktionen zu vermeiden. Bei bestimmten Leistungsdimensionen und betrieblichen Anforderungen kann jedoch durch die Gewichtszunahme der Bauteile die Last häufig nur auf sechs Achsen verteilt werden. Früher gab es auch Lokomotivkonstruktionen mit dreiachsigen Drehgestellen, in denen nur zwei angetrieben waren (CC 68000 der SNCF). Es gelang bei diesen Baureihen nicht, das Gewicht auf nur vier Achsen zu verteilen. Das Anforderungsprofil für die Lokomotive erlaubte jedoch, auf zwei angetriebene Achsen zu verzichten.

Der Lokkasten muss alle Einrichtungen aufnehmen und darf dabei die Profil- und Gewichtsvorgaben nicht überschreiten. Aber es darf nicht nur das Gesamtgewicht der Lok über das zulässige Maß steigen, ebenso bedeutend ist die gleichmäßige Gewichtsverteilung innerhalb der Lok.

Alle Einrichtungen müssen möglichst gut vor Witterungseinflüssen geschützt sein. Der Fahrzeugkasten leitet in Verbindung mit dem Lokrahmen alle Zug-, Brems- und Stoßkräfte weiter und es muss auch noch Platz für den oder die Führerstände sein. Ein weiterer Gesichtspunkt ist die Wartungsfreundlichkeit, die sich sehr auf die Unterhaltskosten auswirkt. Alle wichtigen Bauteile müssen gut zugänglich oder schnell austauschbar sein, um längere Stillstandzeiten und zu intensiven Personaleinsatz zu vermeiden. Bei Lokomotiven, die für höhere Geschwindigkeiten ausgelegt sind, kommt auch noch die Berücksichtigung des Luftwiderstands bei der Formgebung hinzu.

Der Fahrzeugkasten liegt auf dem eigentlichen Fahrwerk, das aus einzeln angetriebenen Radsätzen oder Drehgestellen besteht, die wiederum im Lokrahmen gelagert sind.

Seit vielen Jahren hat sich bei Streckenloks der Brückenrahmen – er stützt sich auf zwei Drehgestellen ab – durchgesetzt. Bei den früher noch häufiger gebauten Loks mit Stangenantrieb war der Innenrahmen üblich. Kennzeichnend für Letzteren sind die innen liegenden Radsatzlager. Lokomotivrahmen sind meist Konstruktionen aus geschweißten Blechen mit Querversteifungen, um Verwindungen zu minimieren.

Europäische Lokomotiven im Personenzug- und Streckendienst werden in der Regel mit zwei Endführerständen gebaut. Dem Lokführer erlaubt dies eine gute Streckenbeobachtung und die Lokomotive muss bei einem Fahrtrichtungswechsel nicht gedreht werden. Kleinere Streckenloks, die auch zum Rangieren eingesetzt werden oder reine Rangierloks werden meist nur mit einem Führerstand, der sich häufig in der Lokmitte befindet, versehen. Das spart nicht nur die doppelte Ausführung, sondern macht vor allem den Wechsel des Führerstands im Rangierdienst mit häufigen Fahrtrichtungswechseln überflüssig. Zur besseren Sicht auf die Puffer werden bei diesen Lokomotiven die Maschinenaufbauten schmaler als der Lokrahmen ausgeführt. Bei diesen Loktypen ist der Lokrahmen das tragende Bauteil, die Vorbauten sind nicht tragend, während bei Streckenloks der selbsttragende Lokkasten zum Einsatz kommt, das heißt Rahmen und Kasten bilden eine tragende Einheit.

Der Maschinenraum von Streckenlokomotiven ist in der Regel unterteilt. Trennwände schützen die Führerstände vor übermäßiger Lärmbelastung und tragen zur Quersteifigkeit bei.

6.2 Radsätze und Drehgestelle

Als der Dieselmotor im Triebwageneinsatz seinen Siegeszug begann, hängte man bei den kleineren, meist zweiachsigen Triebwagen die Antriebsanlage unterflur zwischen die beiden Radsätze. Als auch in größeren Fahrzeugen leistungsstärkere Antriebsanlagen mit einem größeren Platzbedarf untergebracht werden mussten, entwickelte man das Maschinendrehgestell, das die gesamte Antriebsanlage aufnahm. Je größer die Motoren wurden, desto weiter rückten die Achsen im Drehgestell auseinander und die Masse nahm erheblich zu.

Bei den so genannten Triebköpfen, bei denen man keinen Platz für Passagiere benötigte,

In einem Maschinendrehgestell eines 612-Triebwagens ist der gesamte Antrieb (Motor und Getriebe) untergebracht. Foto: David Hruza

verzichtete man auf das Konzept der Maschinendrehgestelle. Der Motor wurde von Anfang an auf dem Lokrahmen innerhalb des Lokkastens eingebaut. Die Drehgestelle von Diesellokomotiven bezeichnet man als Triebdrehgestelle, da die Achsen von Radsatzgetrieben oder elektrischen Fahrmotoren im Drehgestell angetrieben werden. Je nach Antriebsart gilt es, unterschiedlich viele Bauteile im Drehgestell unterzubringen, was sich auch beim Gewicht bemerkbar macht. Das auf den Radsatz übertragene Drehmoment bewirkt eine Zugkraft, die über den Lokrahmen weitergeleitet werden muss, befindet sich hier doch in den meisten Fällen die Zug- und Stoßeinrichtung, besser bekannt als Kupplung und Puffer.

6.3 Federung

Drehgestell und Fahrzeugkasten müssen gegeneinander abgefedert werden. Die Federung des Fahrzeugs dient weniger dem Komfort des Triebfahrzeugführers, sondern vor allem dem Schutz der mechanischen Einrichtungen in der Lok vor harten Stößen. Im Pkw übernimmt einen Teil der Federung die luftgefüllte Gummibereifung. Da das System Rad-Schiene selbst nicht federt – Stahl trifft hier auf Stahl! –, muss die gesamte Federung der Lokomotive im Drehgestell untergebracht werden. Entscheidendes Kriterium der Federung ist eine wirksame Absorption auftretender Erschütterungen, dabei darf ein Dämpfer nicht in Schwingungen oder durch sich wiederholende Schläge gar in Resonanz geraten. Ein Aufschaukeln muss

Eine Kombination aus Spiral- und Blattfedern sorgt für die Dämpfung im Drehgestell einer V 200 der DR.

vermieden werden. Die Federung muss sowohl senkrecht auftretende Kräfte als auch Querkräfte auffangen. Die Lokomotivfederung erfolgt in der Regel zweistufig. Zunächst wird der Radsatz innerhalb des Drehgestells abgefedert und die zweite Maßnahme besteht darin, den Lokkasten, der selbst ein schwingungsfähiges System darstellt, auf den Drehgestellen zu federn.

Ein sehr altes immer noch benutztes Element sind Blattfedern. Das sind Federstahlbänder unterschiedlicher Länge, die übereinander gelegt werden. Ebenso bekannt sind Schrauben- oder Spiralfedern. Moderne Federelemente bestehen aus Gummi-Elementen und Stoßdämpfern. Jedes dieser Federelemente spricht anders an und deshalb werden Lokomotiven meist mit mehreren verschiedenen Dämpfersystemen ausgerüstet. Blattfedern vernichten die Stoßenergie durch Reibung. Sie reagieren träge und sind ungeeignet für kurze, schnelle Einwirkungen. Kombinierte Systeme aus Schraubenfedern und hydraulischen Stoßdämpfern lassen sich hingegen in gewissem Rahmen einstellen und für bestimmte Anforderungen abstimmen. Senkrecht und stehend eingebaute Federelemente dämpfen senkrecht wirkende Kräfte. Zur Dämpfung von Querschwingungen müssen auch Stoßdämpfer in dieser Wirkungsrichtung eingebaut sein.

6.4 Kastenabstützung

Der Lokkasten stützt sich bei Drehgestelllokomotiven meist auf Gleitstücke ab. Diese Gleitstücke

Im Zentrum des Drehgestells ist das Flexicoil-Federelement zu erkennen. Die ausgelenkten Schraubenfedern zeigen, dass die 218 der dritten Bauserie in einer Kurve steht.

sind über die Kastenfederung mit den Drehgestellen verbunden. Die Führung des Drehgestells übernimmt dann der Drehgestellzapfen oder der Drehgestellturm oder das Lenkergestänge. Die Gleitstücke sind geschliffene Stahlplatten auf Bronze, die in einem Ölbad liegen. Die Trägheit dieser Abstützung bringt einen weiteren Vorteil: Sie verhindert Schlingern und ungewollte Querbewegungen. Als Öl wird gewöhnliches Achsöl verwendet.

Modernere Drehgestellkonstruktionen verzichten auf die Gleitstücke. Bei der gleitstücklosen Kastenabstützung übernimmt eine Kombination aus Schraubenfeder und speziellen Gummifederelementen die relative Führung des Drehgestells. Das Flexicoil-Element etwa der DB-Baureihe 218 ab der 3. Bauserie ist fest mit dem Lokkasten verschraubt.

6.5 Radsatzführung

Die Radsatzführung ist entscheidend für einen ruhigen und gleisschonenden Lauf des Triebfahrzeugs. Die Kombination aus Federung und Radsatzführung macht aus einem Drehgestell ein kompliziertes mechanisches Gebilde, das bei weitem nicht so starr ist, wie es von außen scheinen mag.

Wie der Name besagt, werden die Radsätze vor allem bei der Kurvenfahrt geführt. Die Ausführungsmöglichkeiten sind sehr vielseitig, weshalb hier nur auf wenige Grundelemente eingegangen wird.

Das wichtigste Teil der Radsatzführung ist der Drehzapfen, der die Gesamtanlenkung des Drehgestells ermöglicht. Voraussetzung für einen zentralen Drehzapfen ist vorhandener Platz. Ist die Zug- und Stoßeinrichtung der Lok, wie dies meist der Fall ist, am Lokrahmen angebracht, dann muss über den Drehzapfen auch die Zugkraft vom Radsatz übertragen werden. Diese Drehzapfen können noch mittels Gummielementen quergefedert sein. Handelt es sich um einen tragenden Drehzapfen, so nimmt er nicht nur horizontale Kräfte wie die Zugkraft auf, sondern ebenso senkrechte Kräfte. Es gibt auch nichttragende Drehzapfen, bei denen dieser keine senkrechten Kräfte verarbeiten muss.

Ist im Zentrum des Drehgestells kein Platz für einen einfachen Drehzapfen, so kommt häufig die Tiefanlenkung zum Einsatz. An der Rahmenunterseite der Lok befindet sich ein so genannter Drehturm, der tief in das Drehgestell hinein reicht. Durch diesen Drehturm können in Aussparungen Gelenkwellen geführt werden.

Es gibt auch Drehgestelle, die lediglich einen ideelen Drehpunkt haben, das heißt, sie verfügen

Deutlich sind die Radsatzlenker am Drehgestell der 753 001 zu erkennen. Die Gelenke befinden sich unmittelbar links und rechts der beiden großen Spiralfedern in der Mitte des Drehgestells. Die Achsfederung übernehmen einfache Blattfedern.

über keine drehende Lagerung des Drehgestells. Die Aufgabe des Drehzapfens übernehmen Lenkhebel, die auch die horizontalen Kräfte aufnehmen. Sehr moderne Drehgestelle haben Zugstangen zwischen Fahrzeug- und Drehgestellrahmen zur Übertragung aller horizontalen Kräfte.

Neben der Gesamtführung des Drehgestells werden auch die einzelnen Radsätze innerhalb des Drehgestells angelenkt. Radsatzlenker übernehmen diese Aufgabe. Sie sorgen dafür, dass die Radsätze im Drehgestell parallel und rechtwinklig zum Drehgestellrahmen geführt werden. Je besser der Radsatz auf wirkende Kräfte reagieren und ausweichen kann, desto günstiger ist dies für die Laufruhe und einen geringeren Verschleiß der Radreifen. Die Radsatzlenker können bewegliche Arme sein, die in der Mitte des Drehgestells elastisch mit dem Drehgestellrahmen verbunden sind. Bei modernen Lokomotiven übernehmen häufig Gummifederelemente gleichzeitig die Aufgaben der Dämpfung, der Radsatzführung und der Kraftübertragung. In dreiachsigen Drehgestellen ist in der Regel die mittlere Achse seitenverschiebbar ausgeführt. Diese Methode wendet man auch bei Starrrahmenlokomotiven, etwa den drei- und vierachsigen Stangenlok an, wo zusätzlich häufig noch Ausgleichshebel wie die Beugniothebel eingesetzt werden.

Führerstand einer BR 221, die am 19. Januar 2002 in Obersdorf weilt. Foto: Axel Kiebler

6.6 Der Führerstand

Der Arbeitsplatz des Triebfahrzeugführers ist der Führerstand. Er muss so konstruiert sein, dass dem Lokführer die Ausübung seiner Arbeit möglichst vereinfacht wird. Der Führerstand soll eine gute Streckensicht gewährleisten und außerdem müssen alle zur Bedienung der Lok relevanten Bedienungs- und Überwachungseinrichtungen installiert sein. Die Einrichtung und Gestaltung des Führerstandes unterligt ergonomischen und arbeitsmedizinischen Anforderungen, so muss die Bedienung der wichtigsten Instrumente möglich sein, ohne den Blick von der Strecke abwenden zu müssen. Der Führerstand ist vom Maschinenraum der Lok durch Wände abgetrennt. Das senkt den Schallpegel und schützt ihn vor Verschmutzung. Bei modernen Lokomotiven sind Führerstände häufig klimatisiert und durch druckdichte Türen vom Maschinenraum abgetrennt. Es gibt auch Führerstandskonstruktionen, bei denen die gesamte Kabine abgetrennt und separat gelagert ist. Die Scheiben müssen beheizbar sein, um ein Beschlagen zu vermeiden.

Streckenlokomotiven mit zwei Endführerständen müssen alle wichtigen Einrichtungen zur Bedienung und Überwachung im Betrieb auf beiden Seiten der Lokomotive aufweisen. Geräte, die nur im Stillstand beim Auf- oder Abrüsten der Lok erforderlich sind, können auch nur auf einem der beiden Führerstände eingebaut sein.

Führerstand der ungarischen Nahab M 61 Foto: Jochen Frickel

Dieselloks mit Zentralführerständen müssen es dem Triebfahrzeugführer ebenfalls ermöglichen, in beide Richtungen mit ausreichend guter Streckensicht fahren zu können, deshalb sind Bedienpulte für beide Fahrtrichtungen vorhanden. Zahlreiche Normen regeln die räumliche Gestaltung und Anordnung der Instrumente auf dem Führerstand.

Führerstand der M 61. Foto: Jochen Frickel

Führerstand einer Class 66. Foto: Dr. Karlheinz Haucke

Führerstand der V 320 von Wiebe.

Auf der Class 66 gibt es für den Lokführer sogar eine kleine Kochplatte. Foto: Dr. Karlheinz Haucke

7. Nebeneinrichtungen einer Diesellok

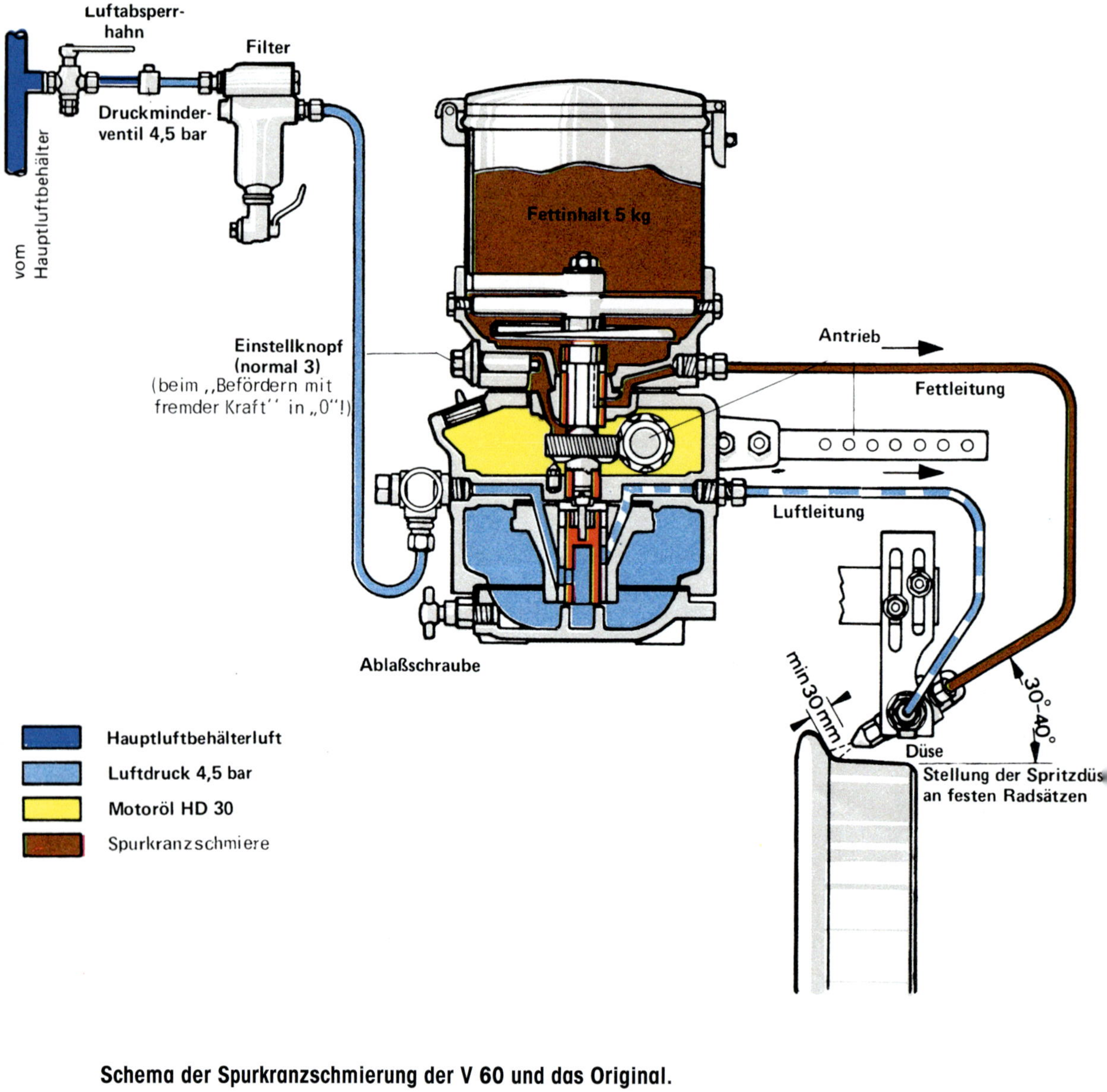

Schema der Spurkranzschmierung der V 60 und das Original.

SEI

7.1 Überwachungs- und Steuereinrichtungen

Die Diesellokomotive ist ein sehr komplexes Fahrzeug. Sehr viele unterschiedliche Anlagen, Maschinen und Hilfseinrichtungen müssen ständig überwacht und aufeinander abgestimmt werden. Die Veränderung eines Parameters wirkt sich meist unmittelbar auf eine andere Stellgröße aus. Wenn etwa der Dieselmotor vom Leerlauf in den Volllastbetrieb übergeht, ändert sich nicht nur der Verbrauch. Der Motor produziert mehr Wärme und darauf muss das Kühlsystem reagieren. Wenn die Lok aus dem Stand anfährt, hat das Auswirkungen auf die Kraftübertragungsanlage. Bei hydrodynamischen Getrieben müssen automatisch Wandler- oder Kupplungskreisläufe gefüllt oder entleert werden. Dort entsteht wiederum Wärme, die zusätzlich abgeführt werden muss. Diese ganzen Prozesse sollen weitestgehend automatisch ablaufen. Dem Lokführer muss es möglich sein, sich nur auf das Fahren und die Beobachtung der Strecke zu konzentrieren. Dafür sorgen zahlreiche Steuerungs- und Regelgeräte, die zudem so gut wie möglich Fehlbedingungen verhindern sollen. Eine der wichtigsten Aufgaben der Überwachungseinrichtungen ist es auch, die Maschinenanlage vor Überlastung zu schützen und im Notfall selbsttätig abzustellen.

Die Steuerung einer Diesellokomotive kann man in vier Hauptgruppen einteilen:

1. Die Anlass- und Abstellsteuerung wirkt auf Anlasser und Motorregler.
2. Die Fahrsteuerung umfasst die Wendesteuerung zur Fahrtrichtungsänderung und die Steuerung der Motor- und Getriebeleistung.
3. Die Bremssteuerung kontrolliert die Druckluftbremsanlage und falls vorhanden die hydrodynamische und die elektrische Bremse.
4. Die Steuerung der Hilfseinrichtungen beaufsichtigt und regelt die Lufterzeugungsanlage, die Vorwärm- und Warmhalteeinrichtungen, die Zugheizung sowie das Bordnetz.

Ein gegebener oder automatischer Steuerbefehl muss an der richtigen Stelle ausgewertet werden. Für eine solche Befehlskette gibt es verschiedene Übertragungsmöglichkeiten. Das kann auf mechanischem Weg mit Hebeln oder Seilzügen geschehen, elektrisch, hydraulisch oder pneumatisch. Häufig ist die Befehls- und Auswertungskette auch eine Kombination. Eine elektropneumatische Steuerung gibt elektrische Befehle und die Auswertung erfolgt pneumatisch. Der beste Weg, Steuerbefehle zu übertragen, ist der elektrische. Das Leitungssystem ist wenig anfällig, platzsparend und ermöglicht über Steuerkabel relativ einfach, die Befehle auch von einem Triebfahrzeug auf ein anderes zu übertragen. Auf diese Art ist es möglich, mehrere Lokomotiven von einem Führerstand aus zu steuern (Mehrfachtraktion) oder von einem Steuerwagen aus die unbemannte, schiebende Lokomotive zu überwachen.

Der wichtigste Regler für den Lokführer ist der Fahrschalter, mit dem er die von ihm gewünschte Motorleistung abruft. Die so genannte Fahrwalze stellt die Fahrstufen ein. Je nach Lokomotivtyp gibt es meist zwischen sechs und 16 Fahrstufen. Jede Fahrstufe gibt ihren Befehl an den Motorregler weiter, der daraufhin die zugehörige Drehzahl oder Kraftstofffüllung einregelt. Die Richtungswalze bestimmt die Fahrtrichtung.

Das Anlassen des Dieselmotors erfolgt über einen Taster, dessen Bedienung automatisch alle vor dem Motorstart erforderlichen Abläufe regelt.

Bei den meisten heute im Einsatz stehenden Lokomotiven werden Steuerbefehle und Überwachungssignale noch analog übertragen. Die erforderlichen Bauteile sind elektrische Schalter, die Stromkreise schließen oder unterbrechen, Relais, die durch Einwirken einer physikalischen

Bei einem geschobenen Wendezug ist die Lok unbemannt. Umso wichtiger sind die Sicherheit und Zuverlässigkeit der Lokomotive und der Steuerung.

Größe (Spannung, Strom, Temperatur) andere Stromkreise schalten. Relais können zu Schalt- oder Messzwecken eingesetzt werden. Schütze sind ferngesteuerte Schalter vor allem für häufige Schalttätigkeit. Das Schütz wird elektromagnetisch oder elektropneumatisch geschaltet. Zur Überwachung werden so genannte Wächter eingesetzt.

7.2 Sicherheitseinrichtungen

7.2.1 Die Sicherheitsfahrschaltung

Um bei einem Ausfall des Lokführers im Einmann- Betrieb eine automatische Zwangsbremsung einleiten zu können, verfügen Lokomotiven über eine spezielle Sicherungseinrichtung, die so genannte Sicherheitsfahrschaltung (Sifa). Es gibt zeitabhängige und zeit-weg-abhängige Systeme. Das Prinzip aller Sifa-Systeme ist ähnlich. Sie verlangen vom Lokführer innerhalb eines bestimmten Zeitintervalls eine Aktion. Geschieht diese nicht, nimmt die Sifa an, dass er nicht fahrfähig ist und bremst den Zug zum Stillstand ab. In der Regel muss der Lokführer alle 30 Sekunden einen Taster betätigen oder loslassen. Geschieht dies nicht, leuchtet zunächst eine Warnlampe auf. Bei der wegabhängigen Sifa ertönt nach weiteren 75 Metern ein Alarmton, und wenn der Lokführer immer noch nichts unternimmt, wird nach weiteren 75 Metern eine Schnellbremsung mit Abschaltung der Motorleistung eingeleitet. Bei der zeitabhängigen Sifa ertönt der Alarmton

Achse 2 rechts einer 218: Dieser Geber erzeugt eine Spannung, die zur Geschwindigkeitsmessung dient und die Sifa- sowie die Spurkranzschmierung steuert.

zweieinhalb Sekunden nach dem Aufleuchten der Lampe und weitere zweieinhalb Sekunden später erfolgt die Zwangsbremsung. Auf dem Führerstand einer Lok sind meist mehrere Sifa-Taster eingebaut. Die Sifa kann zum Abschleppen des Fahrzeugs deaktiviert werden, dann wäre aber ein Aufschalten des Motors nicht möglich.

7.2.2 Die signalabhängige Zugbeeinflussung

Eine weitere wichtige Sicherungseinrichtung auf Lokomotiven ist die signalabhängige Zugbeeinflussung. Bei der DB AG heißt das System Indusi (induktive Zugbeeinflussung). Sie reagiert beim Überfahren von Signalen oder beim zu schnellen Passieren von Langsamfahrstellen. Ein spezieller Elektromagnet, der an der Lokomotive angebracht ist, wird von drei Wechselströmen mit den Frequenzen 500, 1000 und 2000 Hz durchflossen. Die drei Frequenzen repräsentieren unterschiedliche Signalstellungen, beziehungsweise Gefahrenstufen. Im Gleis liegen ebenfalls Magnete, die gemeinsam mit einem Kondensator einen elektrischen Schwingkreis bilden. Bei einem Vorsignal, das den Begriff »Halt erwarten« anzeigt, liegt ein 1000 Hz-Magnet. Innerhalb von vier Sekunden nach dem Überfahren des aktiven Magneten muss der Lokführer die so genannte Wachsamkeitstaste bedienen und umgehend die Geschwindigkeit der Lok auf eine spezielle Prüfgeschwindigkeit absenken, die er in einer bestimmten Zeit erreichen muss. Währenddessen leuchtet eine spezielle gelbe Indusi-Warnlampe im Führerstand. Wird die Wachsamkeitstaste nicht bedient oder die Prüfgeschwindigkeit überschritten, leitet die Lok automatisch eine Zwangsbremsung ein. Ungefähr 200 Meter vor dem halt-zeigenden Hauptsignal liegt ein zusätzlicher 500-Hz-Magnet. An diesem Punkt muss eine noch niedrigere Prüfgeschwindigkeit erreicht sein, die einen sicheren Halt vor dem Signal gewährleistet. Am roten Hauptsignal liegt der aktive 2000-Hz-Magnet, der beim Überfahren auf jeden Fall eine Schnellbremsung auslöst.

7.2.3 Der Übertourungsschutz

Um zu gewährleisten, dass geschleppte Lokomotiven, deren Stufengetriebe sich im Langsamgang

Vor dem Übertouren einer Lokomotive warnen auch deutlich sichtbare Täfelchen in den Führerständen.

befindet, nicht übertourt werden, verfügen sie über einen speziellen Übertourungsschutz. Er leitet bei einer 1,2-fachen Überschreitung der zulässigen Höchstgeschwindigkeit eine Zwangsbremsung ein und verhindert Schäden am Getriebe.

7.2.4 Brandschutz

Gerade im unbemannten Betrieb, etwa bei Doppeltraktion, ist ein besonderer Brandschutz auf Lokomotiven erforderlich. Spezielle Schmelzsicherungen und Temperaturfühler sind dafür an allen gefährdeten Stellen eingebaut. Im Brandfall wird zunächst über ein Schnellschlussventil die Kraftstoffzufuhr unterbunden und im besetzten Führerstand ein akustischer Alarm ausgelöst. Zur Brandbekämpfung sind in der Regel Pulver- oder Kohlendioxid-Handfeuerlöscher an Bord.

7.2.5 Horn & Glocke

Zu Warnzwecken haben Lokomotiven druckluftbetriebene Signalhörner. In manchen Ländern sind sie außerdem, ganz so wie früher die Dampflokomotiven, zusätzlich mit einer Glocke ausgerüstet.

7.2.6 Schleuderschutz

Das Schleudern beziehungsweise Durchdrehen der angetriebenen Radsätze verhindern Schleuderschutzgeräte. Zum Schleudern kommen Loks, wenn die Reibungszahl zwischen Rad und Schiene durch äußere Einflüsse, wie Feuchtigkeit Eis oder Laub, auf den Schienen stark absinkt. Beim Schleudern der Radsätze kommt es zu einer Unterbrechung der Zugkraft, die vermieden werden muss. Das Durchdrehen der Räder tritt vor allem beim Anfahren auf, es kann aber auch bei höheren Geschwindigkeiten zum Schleudern kommen, wenn sich die Beschaffenheit der Schienenoberfläche plötzlich ändert. Wichtig bei der Schleuderschutzeinrichtung einer Diesellokomotive ist ein möglichst schnelles Ansprechen. Das Messen des Schleuderns übernimmt ein vom Radsatz angetriebener Gleichstromgenerator. Drehen die Räder durch, steigt die Generatorspannung schlagartig an und zeigt somit das Schleudern an.
Schleuderschutzgeräte können den Lokführer akustisch warnen, der dann manuell die Leistung der Lokomotive abschaltet. Das verlangt aber vom Lokführer permanente Konzentration und Bereitschaft, auf das Schleudern zu reagieren. Schleuderschutzeinrichtungen können auch selbsttätig arbeiten und im Fall des Schleuderns

Achse 1 rechts einer BR 218: Hier befindet sich der Geber für das Schutzgerät. Es regelt den Schleuder- und Gleitschutz und die Geschwindigkeitsstufe der H-Bremse. Man erkennt auch gut die geriffelten Megi (Metall-Gummi)-Federelemente, die der Dämpfung und der Radsatzführung dienen.

automatisch die Motorleistung absenken. Bereits nach kürzester Zeit, etwa einer Radumdrehung, die nötig ist, um das Schleudern zu diagnostizieren, reagiert das Schleuderschutzgerät und regelt in wenigen Zehntelsekunden die Leistung durch Abschalten des Motorreglermagneten ab. Danach wird die Motorleistung sofort wieder hochgefahren, damit es nicht zu einem Zugkraftverlust und Zerrungen im Zugverband kommt.

Das Schleuderschutzgerät kann gleichzeitig auch als Überdrehzahlschutz wirken. Wird die zulässige Höchstgeschwindigkeit der Lokomotive überschritten, regelt das Schleuderschutzgerät die Motorleistung ebenfalls ab.

7.2.7 Gleitschutz

Das Gleiten oder Blockieren der Radsätze beim Bremsen ist vor allem für die Radreifen des Fahrzeugs problematisch. Beim Gleiten können sehr schnell so genannte Flachstellen entstehen. Das Gleitschutzgerät ist vergleichbar mit dem ABS-System der Pkw. Kurz bevor die Räder zu blockieren beginnen, werden die Bremszylinder kurzzeitig entlüftet, die Bremswirkung lässt ein wenig nach und sobald das Gleiten beendet ist, wird automatisch wieder der vom Lokführer eingestellte Bremszylinderdruck aufgebaut.

7.2.8 Überlastungsschutz

Eine Diesellokomotive kann beim Anfahren ein sehr hohes Drehmoment am Radsatz entwickeln. Unter bestimmten Voraussetzungen (Lok im Rangiergang, trockene Umweltbedingungen, Motor wird zu schnell aufgeschaltet) können die wirkenden Kräfte so sehr ansteigen, dass Beschädigungen an den belasteten mechanischen Teilen wie Triebwerk und Rahmen entstehen können. Dies verhindert der Überlastungsschutz, der vor allem bei Rangierlokomotiven wichtig ist. Er ist aktiv im Geschwindigkeitsfenster zwischen Stillstand und etwa zehn km/h, wenn die Lok im Rangiergang betrieben wird, und vermeidet, dass sich der Lokführer mehr auf seine Motoranzeigen (Drehzahl und Geschwindigkeit) als auf die Beobachtung der Strecke konzentrieren muss.

7.2.9 Sandstreuanlage

Zur Erhöhung der Haftreibung zwischen Rad und Schiene – vor allem beim Anfahren und Bremsen bei schlüpfrigen Bedingungen – kann Sand vor die Treibradsätze gestreut werden. Der Sand wird dabei mit Druckluft auf die Schiene geblasen.

Der Sandkasten einer Lok der Baureihe 217: Oben ist die Klappe zum Nachfüllen, unten erkennt man die Sandtreppe und das Fallrohr, das den Sand vor die Radsätze sprüht.

7.3 Filteranlagen

Zahlreiche Filteranlagen sorgen für einen sicheren Betrieb des Triebfahrzeugs und eine lange Lebensdauer. Die wichtigsten Filteranlagen sind:

1. Ölfilter, die im Schmierölkreislauf eingebaut sind. Sie sorgen dafür, dass keine Verunreinigungen in die empfindlichen Triebwerksteile gelangen.
2. Kraftstofffilter, die vor der Einspritzpumpe mögliche Verunreinigungen beseitigen. Gerade die Bauteile des gesamten Einspritzsystems sind Präzisionsinstrumente, die besonderen Schutz

Zwei Kraftstofffilter einer Baureihe 218 (rechts) und die zughörigen Kraftstoffförderpumpe.

erfordern. Ein Betrieb mit unwirksamen Filtern kann die empfindliche Einspritzanlage nach nur geringer Fahrtzeit zerstören. Da diese Filter so wichtig sind, werden sie häufig zweistufig in eine Grobfilter- und eine Feinfilterstufe aufgeteilt.
3. Luftfilter: Sie filtern die Luft, die in den Verbrennungsraum des Motors eingesaugt wird. Im Normalfall ist es Staub, der in Industriegebieten erhebliche Mengen annehmen kann. Der Luftbedarf eines Bahndiesels ist enorm und kann weit über 10.000 m^3 pro Betriebsstunde betragen. Wenn in einem Kubikmeter Luft nur ein Hundertstel Gramm Staub enthalten wäre, würde der Motor in einer Stunde 100 Gramm Staub ansaugen. Man kann sich leicht vorstellen, dass vor allem in Trocken- oder gar Wüstenregionen unbedingt das Eindringen von Sand, der vom Wind aufgewirbelt wird, ausgeschlossen werden muss.
Spezielle Matten in der Luftansaugung sollen außerdem das Eindringen von Schnee und Wasser minimieren.

7.4 Die Zugheizung

Nur Lokomotiven, die auch für den Personenzugeinsatz vorgesehen sind, benötigen eine Zugheizanlage. Bis in die 1960er-Jahre wurde in Dieselloks eine Dampfheizung eingebaut. Ab diesem Zeitpunkt fand eine Umstellung auf elektrisch beheizte Reisezugwagen statt.
Für die Heizung mit Wasserdampf wurde auf der Lokomotive ein eigener Heizkessel eingebaut, der in der Lage sein musste, die Heizkörper eines Personenzugs bei winterlichen Außentemperaturen mit so viel Dampf zu versorgen, dass für die Fahrgäste eine Temperatur von wenigstens 18°C erreicht werden konnte: Je größer die Leistung der Lokomotive, desto größer ist ihre zulässige Anhängelast und damit die benötigte Leistung ihrer Heizanlage. Der Dampfheizkessel der DB-Baureihe V 220 konnte 800 Kilogramm Dampf in der Stunde erzeugen. Das reichte für zehn vierachsige Reisezugwagen bei einer Außentemperatur von -10°C. Bei -20°C musste auf zwei Wagen verzichtet werden. Für einen 20-stündigen Betrieb der Heizung mussten auf der Lokomotive 1000 Liter Heizöl und vier Kubikmeter (= vier Tonnen!) Speisewasser mitgeführt werden. Die Heizanlage musste selbsttätig arbeiten und sich automatisch den betrieblichen Anforderungen anpassen. Neben dem Dampfheizkessel wurden früher auch Durchlauf-Dampferhitzer eingebaut, bei denen das Speisewasser in einem langen Rohrschlangensystem verdampft wird.
Die Dampfheizung hatte ihre Berechtigung in der Dampflokzeit, als es der einfachste Weg war, den Zug mit dem Medium aufzuwärmen, das sowieso zur Verfügung stand. Aber Dampfheizungen sind wartungsintensiv, frostempfindlich, vergleichsweise kompliziert und ihr Aktionsradius ist begrenzt. Zudem beansprucht eine Dampfheizung relativ viel Platz. Außerdem kann das Lokgewicht um mehrere Tonnen variieren, je nach dem Stand der Bevorratung und der Lokführer muss sich nicht nur um ausreichend Kraftstoff für den Dieselmotor kümmern, sondern auch um einen ausreichenden Heizölvorrat.
In vielen Ländern wurde deshalb auf den Einbau einer Zugheizung in der Lokomotive verzichtet. Stattdessen verwendete man dort Heizwagen, die je nach Anforderung einen Warmwasserkessel oder einen Generator an Bord hatten.
Die elektrische Zugheizung ist ein einfacheres System und Mitte der 1960er-Jahre sprachen sich die europäischen Bahnverwaltungen ab, künftig ihre Reisezugwagen mit elektrischer Zugheizung auszurüsten. Die elektrische Zugheizung hat den weiteren Vorteil, dass der für sie bestimmte Strom im Sommer auch zum Betreiben von Klimaanlagen genutzt werden kann.
Ein bereits vorhandener oder ein eigener Generator an Bord der Diesellokomotive versorgt das Heizungsnetz mit der erforderlichen Spannung. Er wird von einem Nebenabtrieb des Fahrdiesels oder des Getriebes oder einem eigenen Heizdie-

Am kurzen Vorbau der 212 111 sind die Service-Türen der Heizdampfkesselanlage geöffnet.
Foto: Axel Kiebler

selmotor (HeiDi) angetrieben. Für das elektrische Heizen von Reisezügen gilt das gleiche wie bei der Dampfheizung, also je stärker die Lok, desto größer die Leistung des Heizsystems. Eine Lok der Baureihe 218 entwickelt ungefähr 400 kW Heizleistung.

Der separate HeiDi hat sich nicht durchgesetzt, da er eine nicht unbedeutende Zusatzanlage mit einigem Platzbedarf darstellt, die überwacht sowie gewartet werden muss und ausfallen kann. Nachdem ab Ende der 1960er-Jahre die Industrie in der Lage war, leistungsfähige Dieselmotoren für den Lokomotiveinsatz zu bauen, die die zusätzlich benötigte Leistung für die Zugheizung entwickelten, verzichtete man auf die HeiDis. Der Dieselmotor für eine Lokomotive mit elektrischer Zugheizung muss deshalb so dimensioniert sein, dass er die maximale Traktionsleistung plus die maximale Heizleistung gleichzeitig zur Verfügung stellen kann.

Vom Nebenabtrieb des Fahrdiesels beziehungsweise Getriebes wird ein Generator angetrieben, der bei den unterschiedlichen Bahnverwaltungen einen Strom erzeugt, der dem Landesbahnstromnetz ähnlich ist. Bei der DB legte man für die Zugheizung eine Spannung von 1000 Volt mit einer Frequenz von 16⅔ Hz fest.

Beim direkten Antrieb des Heizgenerators am

Motor würde der Generator eine von der Motordrehzahl abhängige Frequenz liefern. Dies umgeht man heutzutage durch Synchrondrehstromgeneratoren, die an einem Getriebeabtrieb angebracht sind. Eine eventuell zwischengeschaltete Flüssigkeitskupplung schützt den Generator vor Drehschwingungen und ermöglicht es, ihn auf einfache Art und Weise stillzulegen. Umrichter erzeugen die benötigte einphasige Wechselspannung mit stabiler Frequenz.

7.5 Die Spurkranzschmierung

Sie hat die Aufgabe, bei Kurvenfahrten den Verschleiß durch trockene Reibung an den Spurkränzen und auch an den Schienenköpfen zu vermindern. Diese Abnutzungen verursachen laufend hohe Kosten an Triebfahrzeugen und am Fahrweg. Ohne Spurkranzschmierung müssten die Lokomotiven noch häufiger auf die Radsatzdrehbank zum Profilieren der Achsen und Spurkränze als dies ohnehin schon erforderlich ist (zum Beispiel wegen Flachstellen oder Materialausbröckelungen).
Verwendet wird in der Regel ein frostbeständiges Fett, das von einer Pumpe gefördert und mittels Druckluft (8,5 bis 10 bar) auf die Anlauffläche der Spurkränze gespritzt wird. Das zähe Fett bleibt als Schmierfilm haften, verteilt sich aber nicht auf die Laufflächen. Normalerweise werden die Spurkränze der jeweils führenden Achsen geschmiert. Dadurch wird auch etwas Fett an die Schienenflanke übertragen, und es verteilt sich auf diese Weise weiter auf die folgenden Radsätze, wodurch an diesen ebenso der Verschleiß herabgesetzt wird. Die Spurkranzschmiereinrichtungen arbeiten, sobald sich die Lokomotive bewegt.
Ungefähr alle 75 Radumdrehungen wird, entweder mechanisch angetrieben wie bei den Dampfloks oder über elektrisch angesteuerte Magnetventile, Fett an die Lauffläche gespritzt, und das auch bei Geradeausfahrt, damit die Laufflächen bereits am Beginn einer Kurve genügend gefettet sind. Der Fettverbrauch liegt bei etwa 500 bis 600 Gramm auf 1000 Kilometer.
Beim Abschlussdienst hat der Lokführer den Fettvorrat für die Spurkranzschmierung zu kontrollieren und veranlasst gegebenenfalls das Nachfüllen. Spurkranzschmiereinrichtungen werden, mit Ausnahme einiger Steuerwagen, nur auf Triebfahrzeugen beziehungsweise Triebwagen eingebaut.

7.6 Elektrische Anlagen

Die beiden wichtigsten Stromlieferanten an Bord einer Diesellokomotive sind die Batterie und die Lichtmaschine. Die Batterie dient der Stromversorgung der Lokomotive bei abgeschaltetem Motor; ihre wichtigste Aufgabe ist die Versorgung der Anlasslichtmaschine beim Starten des Dieselmotors. Zum Einsatz kommen gewöhnliche Bleiakkus. Zahlreiche Zellen, die in Reihe und parallel geschaltet sind, haben eine Gesamtkapazität zwischen ungefähr 150 und 500 Ah (Ampèrestunden) und liefern meist eine Spannung zwischen 24 und 110 Volt. Um eine Spannung von 110 Volt zu erzielen, müssen bei einer Ruhespannung von ungefähr zwei Volt pro Bleizelle mindestens 55 Zellen in Reihe geschaltet sein.
Die Lichtmaschine versorgt Lokomotive und Zug mit Spannung und lädt die Batterie auf. Zum Einsatz kommen überwiegend Gleichstromnebenschlussgeneratoren oder moderne Drehstromlichtmaschinen.

Schematische Darstellung der Baureihe 215

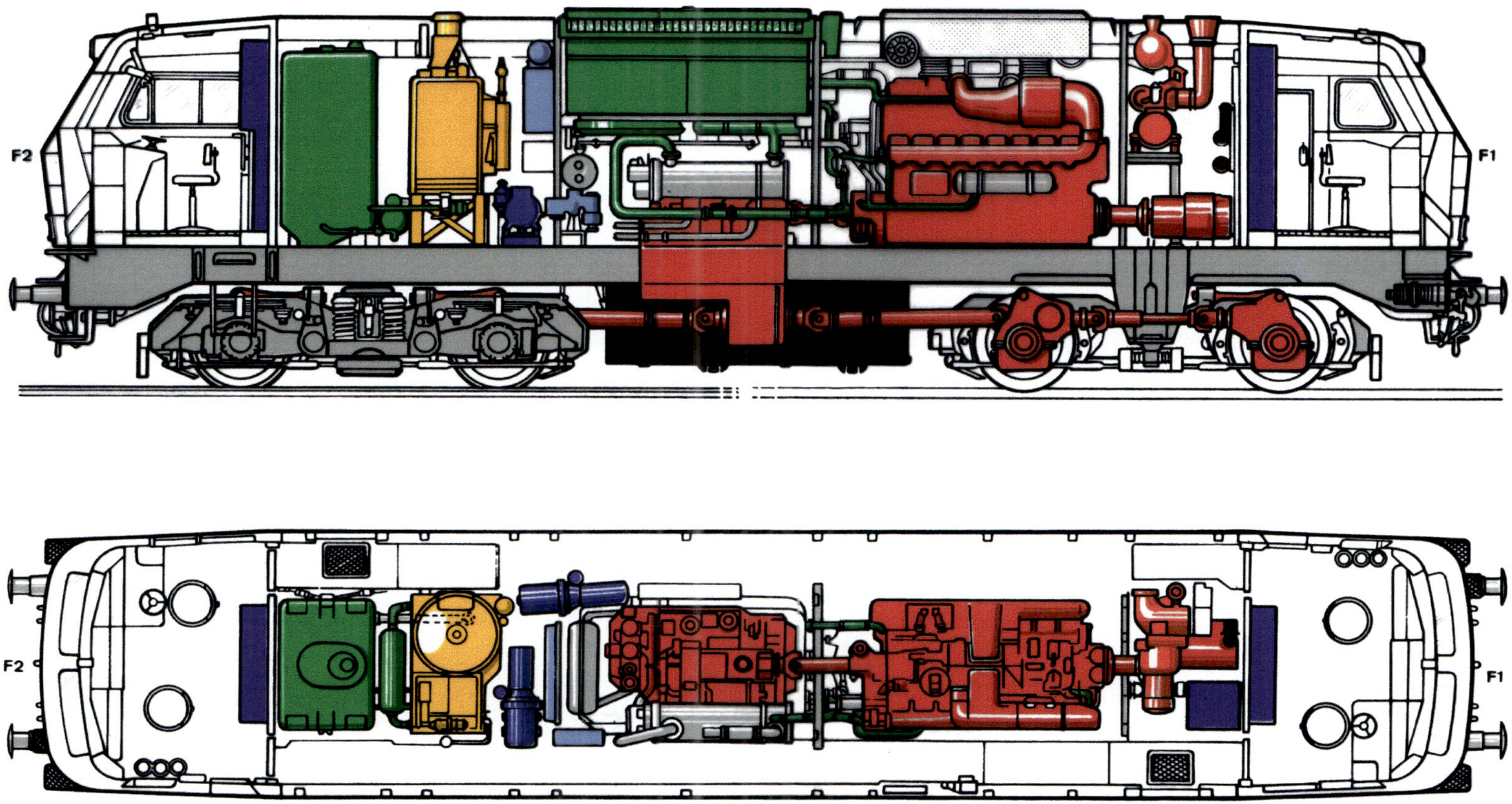

8. Nur neun Minuten:

Eine 218 wird betriebsbereit gemacht

218 301 ist die erste Maschine der dritten Bauserie, die bereits die modernen Megi-Schnellfahrdrehgestelle erhielt. Im Mai 1995 steht die altrote Lok im Bw Karlsruhe. Foto: Axel Kiebler

Kempten/Allgäu an einem kalten Spätwintermorgen: Eine BR 218 der dritten Bauserie soll in einer Stunde einen Regionalexpress mit sieben modernisierten Silberlingen übernehmen. Abfahrt ist um 6.04 Uhr. Das Thermometer zeigt Minus fünf Grad.

Der Lokführer des Zuges hat bereits um 5.18 Uhr Dienstbeginn. Sein erster Weg führt in die Lokleitung: Melden beim Lokleiter, Bekanntmachungen und Weisungen einsehen, das übliche Prozedere wie bei jedem Dienstbeginn. Anschließend geht er zur ihm zugeteilten Lokomotive.

Nur 25 Minuten nach Dienstbeginn hat sich der Lokführer, natürlich mit Lok, an der Übergabestelle über Funk beim Fahrdienstleiter mit seiner Zugnummer zu melden. So weiß der Kollege auf dem Stellwerk, an welchen Zug beziehungsweise in welches Gleis die Lok muss.

Rechnet man die einzelnen Zeitwerte für Melden, Weisungen einsehen, Fußweg zur Lok, Indusi prüfen, Fahrzeiten vom Abstellplatz an den Zug und die Bremsprobe am Zug von der Abfahrtszeit des Zuges zurück, dann bleiben dem Lokführer nur ganze neun Minuten für die morgendliche Aufrüstung und Inbetriebnahme seiner Lok! Ein sehr knapp bemessener Zeitraum, der von ihm konzentriertes und gewissenhaftes Arbeiten verlangt, um alle notwendigen Vorbereitungen und

Der Führerstand einer 218: In der Mitte ist der 16-Stufen-Fahrschalter, davor einige Schalter und die Leuchtmelder, das große Rundinstrument ist der Tacho und rechts davon sind die Bremsventile: Zusatzbremsventil, Führer- und H-Bremse.

Kontrollen durchzuführen.

Im ersten morgendlichen Dämmerlicht steht die Lok vor der Bw-Halle. Die 218 ist noch mit dem Fremdstromkabel verbunden, das über Nacht die Batterie aufgeladen hat, seit sie am Abend zuvor um kurz vor zehn Uhr dort abgestellt wurde. Der Fremdstrom versorgte über die Batterie indirekt auch das Vorwärm- und Warmhaltegerät.

Ein erster kurzer Blick: Wie steht die Lok da? Sind die Luftschläuche und die Schraubenkupplungen eingehängt? Der erfahrene Lokführer hat die notwendige Übersicht, um Unregelmäßigkeiten zu erkennen und natürlich hat er auch seine eigenen optimierten Abläufe, um im kleinen Zeitfenster, das ihm zur Verfügung steht, alle vorgeschriebenen Tätigkeiten aber auch die Erfahrungsmaßnahmen zu erledigen.

Zuerst besteigt der Lokführer den Führerstand, Tasche abstellen und dann folgt der Blick ins Übergabebuch: Wann fuhr die Lok das letzte Mal? Wann wurde der letzte Abschlussdienst A1 durchgeführt?

Wird die Lok abgestellt, begutachtet der abtretende Lokführer bei der A1 die Lok von innen und außen und überprüft dabei alle betriebswichtigen Teile. Laufwerk, Bremse, Motor, Öl- und Kühlwasserstand werden kontrolliert und die Lok auf sichtbare Schäden untersucht. Sollte irgendwo ein Tropfen Öl an der falschen Stelle sein, wo könnte er herkommen? Der Lokführer bestätigt im Übergabebuch mit seiner Unterschrift die Betriebstauglichkeit der Lokomotive und kann somit auch zur Rechenschaft herangezogen werden, wenn er betriebsgefährdende Mängel übersieht. Sicherheit geht vor, folglich muss in der Regel alle 24 Stunden, spätestens jedoch nach 36 Stunden, ein Abschlussdienst der Stufe A1, am besten bei Tageslicht durchgeführt werden.

Der Vorgänger hat die A1 offensichtlich gut gemacht. Das ist schon einmal beruhigend, aber dennoch müssen alle vorgeschriebenen Prüfungen im so genannten Vorbereitungsdienst V1 durchgeführt werden. Die **WOLKE**, eine alte Eselsbrücke erinnert an die wichtigsten Kontrollen: **W**asser, **O**el, **L**uft, **K**raftstoff und elektrische **E**nergie.

Ist die Handbremse angezogen? Sind alle Schalter in Grundstellung?

Als nächstes gilt es zu kontrollieren, dass alle

Batteriehauptschalter, Anlass- und Luftpresserschütz eins und zwei sowie diverse Sicherungen der 753 001.

Rechts: 218 337 zieht ihren IC in den Bahnhof von Immenstadt. Im Hintergrund erkennt man den Grünten. Foto: Axel Kiebler

A

LSS (Leitungsschutzschalter) eingeschaltet sind. Es könnte ja einer angesprochen haben.
Die wichtigste Kontrolle betrifft jetzt die Kühlwassertemperatur. Im Führerstand 1 sollte die Anzeige mindestens 40°C anzeigen. Der nächste Blick gilt der Luft, gerade bei der 218 ist dies besonders wichtig. Falls die Lok länger stand, kann der Luftdruck im Hauptluftbehälter stark abgefallen sein. An Ventilen und Verschraubungen geht immer etwas Luft verloren. Nach wenigen Tagen Standzeit ist eine Lok luftleer.
Die 218 könnte nun bei leeren Luftbehältern aufgrund einer speziellen Überwachungskette in der Motorsteuerung theoretisch ohne Kühlwasser gestartet werden. Das heißt, sollte keine Luft in den Hauptluftbehältern sein, müssen diese mit dem Luftpresser zu Lasten der Batterie auf mindestens sechs Bar Druck gefüllt werden und die Hauptluftleitung über das Führerbremsventil auf fünf Bar. Ein Luftpresser der 218 zieht im Betrieb etwa 50 Ampère Strom aus der Batterie und braucht bei einer luftleeren Lok gut zwei bis drei Minuten, um die Behälter auf sechs Bar zu füllen, wobei natürlich die Batterie stark belastet wird.

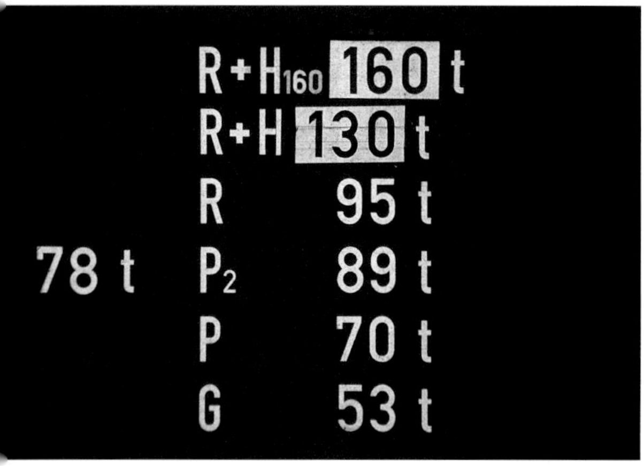

In den 1990er Jahren wurden einige Loks der Baureihe 218 vorübergehend zur neuen Baureihe 210 für den Berlinverkehr. Sie hatten spezielle Bremsgewichte.

Dann folgt ein Rundgang durch die Lok, dabei wird der Kühlwasserstand kontrolliert, den Ölstand hatte ja bereits der Kollege beim Abschlussdienst überprüft. Je nachdem, welche Zugart zu befördern ist, wird gleich am Stufengetriebe der Schnell- beziehungsweise Langsamgang eingestellt. Das Vorwärmgerät für das Kühlwasser wird vom Warmhaltebetrieb (40°C bis 46°C) in den Vorwärmbetrieb (60° bis 66°C) umgestellt. Bis die Lok am Zug steht, hat der Motor dann auch seine Betriebstemperatur erreicht.
Die richtige Temperatur des Kühlwassers ist wichtig, um den Motor nicht zu überlasten. Um sicherzustellen, dass der Motor in zu kaltem Zustand nicht überlastet wird, gibt es auch einige Lok-Typen wie die V 60, V 90 oder V 100, die eine Zwei-Drittel-Leistungsbegrenzung haben, bis der Motor seine optimale Betriebstemperatur erreicht hat. Eine Wachspatrone verhindert bei diesen Typen eine höhere Leistungsabgabe bei einer Kühlwassertemperatur unter 60°C.
Wenn das Vorwärmgerät ausfällt, hat der Lokführer Pech. Bis 20°C kann er, mit Genehmigung der Lokleitung, den Motorstart versuchen, darunter ist es praktisch aussichtslos. Sollte der kalte Motor starten, müsste der Lokführer ihn in jedem Fall erst warmlaufen lassen und dürfte erst Leistung aufschalten, wenn der Motor eine Temperatur von ungefähr 50° C erreicht hat. Das würde einige Minuten kosten und brächte den knappen Zeitplan erheblich durcheinander.
Weiter geht's. Ist auf Führerstand zwei die Handbremse gelöst? Beim Rückweg im anderen Seitengang muss gegebenenfalls die Bremse umgestellt werden.
Was fahre ich für einen Zug, wie muss der Bremsartwechsel eingestellt werden? Güterzug, Bremse in G-Stellung, beim Personenzug in P oder P_2 oder bei einem Schnellzug muss die Bremse in R-Stellung. Fertig.
Das geht für das erfahrene und geschulte Lokführerauge scheinbar ganz nebenbei, aber es handelt sich immerhin um ein zwei DIN-A4-

Seiten umfassendes »Teilarbeitsverzeichnis«, das zusätzlich in den knappen neun Minuten abgearbeitet werden muss.
Als nächstes erfolgt die Außeninspektion. Das Fremdstromkabel muss auf jeden Fall noch abgenommen werden und dabei nimmt der Lokführer seine 218 in Augenschein. Beim Gang um die Lok wird kontrolliert, dass örtliche Anschlussleitungen (Wasser, Luft, Kraftstoff, Öl) entfernt und alle Behälter ordnungsgemäß verschlossen sind. Er kontrolliert nochmals die Schaugläser des Tanks, wo mindestens so viel Diesel vorhanden sein muss, dass die geforderten Leistungen erbracht werden können, die in seinem Dienstplan mit dieser Lok vorgesehen sind. Die Schaugläser der 218 zeigen, dass die Lok mit knapp 3200 Litern Dieselkraftstoff vollgetankt ist, das sollte für eine Fahrleistung von etwa 800 Kilometern reichen. Beim Gang um die Lok wird auch gleich die Funktion der Spitzenlichter geprüft, hängt nicht zufällig noch ein Schuppenluftanschluss an der Lok? Vorsicht vor zuviel Routine, diese neun Minuten verlangen Konzentration auch auf Ungewöhnliches. Es sind schon Loks an Tankstellen abgestellt worden mit dem Tankschlauch im Tank...
Es geht zurück auf den Führerstand. Jetzt kann die Lok mit dem Anlass-Abstell-Schalter, einem Drehschalter, gestartet werden. In der Stellung »An« oder »Start« muss der Schalter gegen Federdruck festgehalten werden. Jetzt schaltet zunächst ein Schütz die Schmierölvorpumpe an. Öldruck wird aufgebaut. Ein Druckwächter an der entferntesten Stelle des Schmierölkreislaufs muss nun einen Druck von 0,2 bar melden, dann ist gewährleistet, dass alle relevanten, beweglichen Teile des Motors mit Schmieröl versorgt sind, bevor Kraftstoff eingespritzt wird. Das kann bis zu zwei Minuten dauern, wenn die Lok schon länger stand.
Und überraschenderweise dauert dies im Sommer meist länger als im Winter! Die Erklärung ist jedoch plausibel. Im Sommer werden Lokomotiven

Dieser Deckel sollte verschlossen sein!

kalt abgestellt. Im winterlichen Warmhaltebetrieb wird das Motoröl mit einer Pumpe umgewälzt und über den Wärmetauscher auf der Temperatur des Kühlwassers gehalten, also etwa auf 40°C bis 45°C. Das Öl ist ausreichend dünnflüssig und erreicht schnell alle entscheidenden Stellen des Kreislaufs. 40 bis 45 Grad kann auch die laueste Sommernacht nicht liefern und deshalb sieht der Dienstplan des Vorbereitungsdienstes im Sommer auch zusätzliche zwölf Minuten zum Vorwärmen des Kühlwassers vor.
Der Schmieröldruckwächter schaltet wiederum über ein Relais das Anlassschütz. Es gibt die Lichtmaschine frei und schließt den Stromkreis mit der Batterie. Die Lichtmaschine arbeitet beim Start als Elektromotor und dreht über eine Gelenkwelle den Motor auf die Anlassdrehzahl von etwa 200 Umdrehungen pro Minute. Die Zünddrehzahl des Motors, bei der die Verdichtung ausreichend ist, liegt ungefähr bei 120 min^{-1}. Mit dem Schalten des Anlassschützes wird gleichzeitig auch die

Beim Start des Motors tritt eine deutliche Abgaswolke aus den beiden Hutzen einer 218.
Foto: Axel Kiebler

gesamte elektrische Überwachungskette aktiviert. Der Reglermagnet des Motorreglers zieht nun an, und der Regler wird freigegeben. Er zieht die Einspritzpumpen in die Startstellung. Der Motor dreht sich und damit auch die Nockenwelle, die dafür sorgt, dass Kraftstoff eingespritzt wird. Eine V-förmige Rußwolke tritt aus den Abgashutzen, der Diesel läuft. Es folgt ein kurzer Blick auf das Voltmeter: Wie geht es der Batterie? Ladung vorhanden?

Auf dem Drehzahlmesser pendelt sich die Leerlaufdrehzahl von rund 650 Umdrehungen ein. Die Lichtmaschine arbeitet jetzt als Generator, die Überwachungslampe »Motorstörung« auf dem Führerstand geht aus. Jetzt erst kann der Lokführer den Anlassschalter loslassen. Lässt er zu früh los, geht der Motor wieder aus.

Der Motor läuft, die Lichtmaschine speist die Batterie, die 218 kann aber noch lange nicht abfahren. Jetzt müssen beide Luftpresser eingeschaltet werden und schnell sind die Luftbehälter der Lok mit einem Volumen von insgesamt rund 1000 Litern voll.

Die 218 hat zwei Luftpresser, die je etwa 1180 Liter gegen 10 bar Druck liefern. Zur besseren Vorstellung: Öffnet man am letzten Wagen eines Zuges den Absperrhahn der Hauptluftbehälterleitung (8,5 bis 10 bar) und hängen an diesem Zug zwei 218 in Doppeltraktion mit vier laufenden Luftpressern sieht man am Behältermanometer im Führerstand keinen Druckabfall!

Noch ist keine Luft in der Bremsleitung. Das Bremsventil wird in Fahrstellung gelegt. Jetzt erhalten die Bremsleitungen Luft. Der Druckaufbau dauert allerdings ein paar Minuten, sollte die Lok luftleer sein.

Dann wird es knapp mit den neun Minuten. Deshalb gilt normalerweise einer der ersten Blicke

Es war einmal vorgesehen, die Baureihe 218 umfassend zu modernisieren. Aber es reichte lediglich zum Prototypen 218 441 mit der auffälligen Zugzielanzeige in der Stirnfront. Am 20. Januar 2004 passierte die Lok auf ihrer vorläufig letzten Fahrt ins AW Bremen Würzburg.

beim Besteigen der Lok auch dem Manometer, das den Druck in den Luftbehältern anzeigt. Bei luftleerer Lok müsste möglichst früh zumindest ein Luftpresser über die Batterie aktiviert werden.

Nachdem Luft in der Leitung ist, folgt der bremstechnische Vorbereitungsdienst. Die Handbremse ist noch fest. Die Zusatzbremse wird ausgelöst, das Führerbremsventil wird in die so genannte Mittelstellung gelegt und der Blick des Lokführers geht zu den Manometern. In dieser Stellung sind alle Kanäle abgesperrt, es wird keine Luft nachgespeist. Fällt nun der Druck am Manometer ab, ist in der A-Kammer des Steuerventils noch nicht der erforderliche Druck von fünf bar aufgebaut. Verändert sich der Druck für zehn Sekunden nicht, dann ist die Bremsanlage gefüllt. Die Füllstandskontrolle ist erledigt.

Als nächstes erfolgt die Betriebsbremsung mit einer Druckabsenkung von mindestens 0,8 bar. Es handelt sich um eine reine Manometerprüfung. Die Bremse wird angelegt. Das Manometer der Hauptluftleitung fällt und der Druck in den Bremszylindern muss ansteigen. Anschließend wird die Bremse ausgelöst, der Leitungsdruck muss umgehend wieder auf fünf bar steigen und vor allem gehalten werden. Der Bremszylinderdruck sollte natürlich auch wieder auf Null absinken.

Der erste Teil des bremstechnischen Vorbereitungsdiensts, der nur die Druckluftbremse betrifft, ist erledigt, die indirekte Bremse ist geprüft und funktioniert.

Danach kommt die Prüfung der Zusatzbremse: Bremse anlegen, Beobachtung des Bremszylindermanometers, der Druck muss jetzt ansteigen, Stellung des Bremsventils auf Mitte, der Druck muss jetzt gehalten werden. Ist das der Fall, dann kann gelöst werden und die direkte Bremse

ist ebenso geprüft. Die neun Minuten sind jetzt bald vorüber.
Früher, als für den Vorbereitungsdienst noch 24 Minuten vorgesehen waren, hätte der Lokführer nun vom Führerstand absteigen, einen Hammer mitnehmen, die Bremsklötze abklopfen und prüfen müssen, ob zunächst alle anliegen und nach dem Lösen der Bremse wieder frei sind. Diese Prüfung kann im Grunde nur auf einer Arbeitsgrube stattfinden und wird heute nur noch von der Werkstatt im Rahmen einer Bremsprüfung ausgeführt.
Jetzt muss die Zusatzbremse wieder angelegt werden, damit die Handbremse gelöst werden kann. Die 218 ist beinahe einsatzbereit. Die hydrodynamische Bremse und die elektrische Zugheizung werden ebenfalls kurz eingeschaltet und geprüft.
Nun noch die Sifa (Sicherheitsfahrschaltung) einschalten. Der Sifa-Absperrhahn wird geöffnet. Die Fahrsteuerung ist elektrisch eingeschaltet. Auf dem Luftweg überwacht der Sifa-Druckwächter den Druck in der Hauptluftleitung und somit auch, dass erst dann Motorleistung aufgeschaltet werden kann, wenn auch Luft zum Bremsen vorhanden ist. Außerdem wird bei einer Zwangs-, Not- oder Schnellbremsung über den Druckwächter die Antriebsleistung der Lokomotive abgeschaltet.
Ein Aufschalten der Fahrstufen, würde die Lok aber noch immer nicht ins Rollen bringen. Ein entscheidender elektrischer Schalter, der Leistungsschalter, der die Füllung des Turbogetriebes ermöglicht, muss noch eingelegt werden. Dieser Schalter ist erforderlich, um den Motor auch unabhängig vom Getriebe und ohne dass sich die Räder drehen, etwa beim Probelauf in der Werkstatt, hochzufahren.
Auch das Überprüfen der Pfeife gehört zum Vorbereitungsdienst und sollte die im Winter mal eingefroren sein und nicht funktionieren, darf die Lok das Bw nicht verlassen bevor die Pfeife wieder funktioniert. Ist gerade keine Ersatzlok greifbar, die Werkstatt aber in der Nähe, muss zunächst repariert beziehungsweise aufgetaut werden und schon kommt die Lok verspätet an die Übergabestelle zum Bahnhof und in der Folge auch zu spät zum Zug.
Bei unserer 218 ist jetzt alles überprüft und funktioniert, sie kann sich auf den Weg zu ihrem Zug machen. Fehlt nur noch eine letzte Rollprobe. Die Lok wird mit geringster Leistung in Bewegung gesetzt. Der Lokführer schaltet auf Fahrstufe 1, die 218 beginnt zu rollen. Es wird wieder abgeschaltet, die Lok muss ungebremst weiterrollen. So prüft man, ob alle Bremsen gelöst sind. Hat jedoch der Vorgänger beim Abschlussdienst korrekt die Sandstreueinrichtung überprüft, liegt jetzt direkt vor jedem Rad ein kleiner Sandhaufen auf der Schiene. Da nur die vorauslaufenden Achsen eines Drehgestells gesandet werden, sind also vier Sandhäufchen im Weg. Ein Hindernis, das die 218 in Fahrstufe 1 in der Regel nicht überwinden kann! Also Fahrstufe 2, das Turbogetriebe wird komplett mit Getriebeöl gefüllt, und die Lok klettert über den Sandberg. Die neun Minuten haben gerade so gereicht, weil nichts Unvorhergesehenes passierte.
Auf der Fahrt zum Zug wird noch die Indusi durch Überfahren eines 2000 Hz-Prüfmagneten geprüft. Auch die Funktion der Sifa muss an einer geeigneten Stelle des Ausfahrgleises des Bw geprüft werden. Dazu schaltet der Lokführer die 218 auf und darf nun keinen Taster betätigen. Nach zweieinhalb Sekunden ertönt die Sifa-Hupe und nach fünf Sekunden muss die Zwangsbremsung mit Leistungsabschaltung erfolgen.
Endlich ist die Lok am Zug. Die sieben Wagen, die schon am Bahnsteig stehen, werden angekuppelt. Zughaken, Luftleitungen (Hauptluft- und Hauptluftbehälterleitung), Heizleitung und UIC-Kabel werden verbunden. Beim Verbinden der Heizleitung darf, um Spannungslosigkeit zu garantieren, der Diesel nicht laufen.
Jetzt muss der Lokführer den Führerstand wechseln und erneut den Motor starten. Die Luftpresser laufen wieder an und füllen die Luftleitungen der

Für den Einsatz vor den modernen Doppelstockwagen der DB AG kommen wegen der speziellen Anforderungen des Bordnetzes der Wagen nur 218 der vierten Bauserie mit GTO-Lichtmaschinen in Frage.

Wagen zur Versorgung der Bremsen und der Türsteuerung. Der Zugführer schreibt inzwischen den Bremszettel.

Als nächstes folgt die volle Bremsprobe der Wagen, die Lok ist ja längst geprüft. Sie erfolgt prinzipiell analog der Lokbremsprüfung. Allerdings muss jetzt berücksichtigt werden, dass mehrere Wagen über Schlauchkupplungen verbunden sind, die undicht sein könnten. Die Dichtheit der Bremsleitung beim Reisezug muss über den Zeitraum von einer Minute bewiesen werden, bei der Bremsprobe der Lok reichten zehn Sekunden. In dieser Minute darf der Druck in der Bremsleitung nur um maximal 0,3 bar abfallen, beim Güterzug sind 0,5 bar zulässig.

Der Zugführer musste sich vor dem Anlegen der Bremsen davon überzeugen, dass die Bremsen gelöst waren. Danach muss er den gesamten Zug inspizieren. Er kontrolliert ob alle Wagenverbindungen richtig eingehängt sind und ob alle Bremsen angelegt sind. Auf Zeichen fordert er den Lokführer auf, die Bremsen zu lösen. Das korrekte Lösen der Bremsen an allen Wagen ist der letzte Kontrollpunkt. Danach überreicht der Zugführer dem Lokführer mit der Meldung »Bremse in Ordnung« den ausgefüllten Bremszettel für den Zug. Ohne diesen Bremszettel darf der Lokführer nicht abfahren, sind auf dem Stück Papier doch alle wichtigen Angaben für den Zug vorhanden. Der Zug ist endgültig abfahrbereit.

Es ist mittlerweile 6.02 Uhr. Inzwischen sind die meisten noch etwas verschlafenen Fahrgäste eingestiegen und haben von alldem nichts mitbekommen.

9. Im Eldorado der Diesellokfans

Eine GP 35u der Atchison Topeka & Santa Fe führt am 9. Februar 1995 einen langen Güterzug bei Victorville. Die Loks dieses Typs wurden ab 1964 gebaut und einige Exemplare Mitte der 1980er-Jahre teilweise umgebaut und modernisiert.
Foto: Armin Schmutz

2905
2905

Die Vereinigten Staaten von Amerika sind das Mekka für Dieselloks und ihre Anhänger. Manche Typen brachten es zu weltweitem, beinahe legendären Ruf und die gebauten Stückzahlen überschreiten beinahe das Vorstellungsvermögen eines durchschnittlichen Mitteleuropäers.
Es sind ganz spezifische, überwiegend geographische aber auch wirtschaftliche Gesichtspunkte, die dort zur Dominanz dieser Traktionsform führten. Lange Strecken durch nahezu unbesiedelte Gegenden verlangen unabhängige Lokomotiven. Dampfloks konnten dies stets nur teilweise erfüllen. Sie benötigten in regelmäßigen, vergleichsweise dichten Abständen Versorgungsanlagen für Kohle und Wasser. Eine Dampflok benötigt ein etwa fünf- bis sechsmal engmaschigeres Versorgungsnetz als eine Diesellok. Die Einsparung einer Vielzahl von Behandlungsanlagen ist ein erheblicher Kostenvorteil des Dieselantriebs, ganz abgesehen vom geringeren Personalbedarf für Betrieb und Instandhaltung und von der wesentlich höheren Verfügbarkeit von Diesellokomotiven, die quasi jederzeit zur Verfügung stehen.
Die Elektrifizierung eines derart ausgedehnten Kontinents wie den USA inklusive der nötigen Energieversorgung wäre ein gewaltiger wirtschaftlicher Kraftakt. Hinzu kommt, dass das

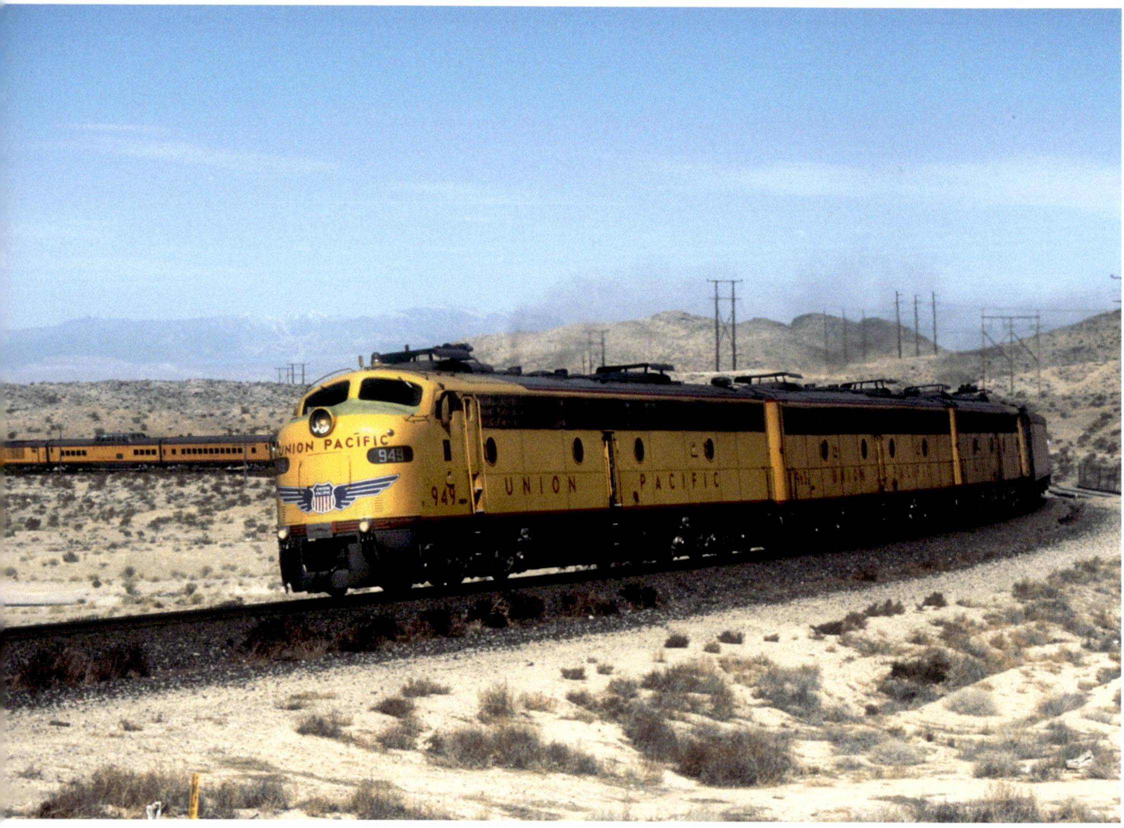

Die E9 ist die letzte Bauform der berühmten E-Series von EMD. Die zwei A-Units 949 und 951 sowie die B-Unit 963 gehören heute zum betriebsfähigen Museumsbestand der UP. Mit zusammen 6000 PS gehören die modernisierten Loks zu den Stars im Sonderzug-Einsatz. Foto: Armin Schmutz

Die Southern Pacific unterzog viele ihrer betagten um 1955 gebauten SD9 einer Überarbeitung und bezeichnete die 99 Loks als SD9r. Zur Reduzierung der Achslast waren viele der wegen der sehr guten Fahreigenschaften auch auf schlechten Gleisen gerne als Cadillac of Locomotives bezeichneten Sechsachser mit verkleinerten Tanks ausgerüstet. Bei der SP kam das Ende der beliebten Loks mit der Übernahme der Gesellschaft durch die UP im Jahre 1996. Foto: Armin Schmutz

Eisenbahnwesen in den USA stets privat organisiert war und gerade private Unternehmen die enormen Anfangsinvestitionen der Elektrifizierung scheuten oder nicht leisten konnten. Deshalb gibt es bis heute nur relativ wenig elektrifizierte Strecken meist in dichter besiedelten Gebieten.

Die Diesellok ist scheinbar ideal für die Anforderungen, die das riesige Land an den Bahnbetrieb stellt. In den frühen 1930er-Jahren erkannte man in den USA das Potenzial der Diesellok und setzte bereits in Serie gefertigte Streckenlokomotiven ein, als man in Europa noch mit unterschiedlichsten Prototypen nach der geeigneten Kraftübertragung suchte. Ein wichtiger Beschleunigungsfaktor für die Einführung des Dieselbetriebs war auch die Entdeckung großer Erdölvorkommen im eigenen Land, speziell in Texas, was die Kosten für den benötigten Kraftstoff erheblich senkte.

Die Einführung der Diesellokomotiven brach mit einer großen amerikanischen Eisenbahntradition. So war es an der Tagesordnung, dass die Hersteller bei der Konstruktion der schwarzen Dampflok-Riesen nicht nur eng mit den Bahngesellschaften zusammenarbeiteten, sondern deren

Für Tunnelfahrten, beispielsweise zur New Yorker Grand Central Station, beschaffte die New Haven zwischen 1957 und 1960 21 Exemplare einer Sonderversion der EMD-F-Units mit der Achsfolge B' A1A'. Das dreiachsige Drehgestell war nötig, um die Achslast durch die Einrichtungen zum Stromschienen-Betrieb aufzufangen. Einige der Loks sind noch heute bei der Metro North RR in New York im Einsatz. Foto: Armin Schmutz

kostenintensive Sonderwünsche zu erfüllen pflegten. Das Aufkommen der Dieselmaschinen führte zur Lokomotive von der Stange und Individualität ging verloren. Neben der Lackierung unterschieden sich die Fahrzeuge äußerlich zumeist in der Anordnung der Lüfter geringfügig, die von der Ausrüstung mit oder ohne elektrischer Bremse oder Zugheizeinrichtung abhängig war.

In den USA waren Triebwagen von Budd und Brill sowie die Boxcabs genannten Loks für den Kurzstrecken-Verkehr die Vorreiter der Verdieselung, obwohl die American Locomotive Company (Alco) bereits 1924 die erste vierachsige dieselelektrische Serienlok anbot. Früh legte man sich in den Vereinigten Staaten auf die dieselelektrische Leistungsübertragung fest, die dort bis heute das Maß der Dinge ist.

Die große Entwicklungsexplosion fand in den 1930er-Jahren statt. Es war die General Motors Company, die den Motorenproduzenten Winton und die Electro-Motive Corporation übernahm und später als Electro-Motive Division (EMD) in den GM-Konzern eingliederte. Dort machte man sich an die Entwicklung eines leistungsfähigen

Die 1800 PS starke FPA-4 ist die durch das untere seitliche Lüftungsgitter erkennbare Passenger-Version von Alcos Erfolgsmodell FA. Die betriebsfähigen fünf A- und zwei B-Units der Grand Canyon Railway aus Arizona wurden allerdings 1959 im kanadischen Zweigwerk Montreal Locomotive Works (MLW) gebaut. Foto: Armin Schmutz

Dieselmotors, der auch für den Bahneinsatz geeignet war. Das Resultat war ein Achtzylinder-Zweitaktmotor mit 600 PS bei 750 Umdrehungen, der Winton 201.

Moderne Triebzüge im Stromliniendesign und in Leichtbauweise sollten den Bahngesellschaften in dieser Zeit kurz nach der Depression verloren gegangene Kunden zurück bringen. Die Union Pacific stellte 1934 den dreiteiligen Streamliner M-10000 vor, die Burlington Route (CB&Q) folgte nur kurze Zeit später mit dem berühmten Zephyr.

Der Erfolg der Streamliner-Triebzüge motivierte EMD in den Lokomotivbau einzusteigen, während die anderen großen amerikanischen Hersteller Alco, Lima und Baldwin weiterhin an immer noch leistungsfähigeren Dampflokomotiven arbeiteten und die Fertigung von Dieselfahrzeugen eher nebenbei betrieben. Die elektrische Ausrüstung Letzterer stammte zumeist von General Electric (GE), die aber auch eigene Rangierloks offerierten. Nahe Chicago in La Grange baute EMD eine neue Produktionsstätte auf, aus der bald dieselgetriebene Rangierlokomotiven rollten. 1937 folgten die ersten E-Units (Eighteenhundred Horsepower), eine Lokfamilie, die über

Die DD A40X gilt mit einer Leistung von 6600 PS noch heute als stärkste Einrahmen-Diesellok der Welt. Von den 47 zwischen 1969 und 1971 gebauten Loks ist 6936 als einziges betriebsfähiges Exemplar bei der UP erhalten geblieben. Bei voller Leistung erreicht sie noch heute 147 km/h, malträtiert aber mit einer Achslast von 31 Tonnen die Gleise über Gebühr. Foto: Armin Schmutz

Jahrzehnte die Standard-Personenzuglokomotive darstellen sollte. Die sechsachsigen Maschinen setzten das Streamliner-Design fort. Die Energie für die vier Elektromotoren in den beiden Drehgestellen (Achsfolge A1A) wurde anfangs von zwei Winton-201A-Zweitaktern mit je 900 PS erzeugt. Ein neuer Motor, das leistungsfähigere Modell 567, folgte und immer neue Generationen lösten in den kommenden Jahren ihre Vorgänger ab, bis 1964 mit der E9 das letzte Muster der E-Serie eingestellt wurde.

Die erforderliche Zugkraft wurde in den USA von Anfang an durch Mehrfachtraktionen erzielt. Dafür baute man eigene führerstandslose so genannte B-Units, die für eine Erhöhung der Zugkraft sorgten. Die F-Units wurden bis 1960 produziert.

Für den Frachtverkehr folgten 1939 die F-Units mit der FT (Freight, Twentysevenhundred Horsepower) als erstem Modell. Sie waren nur vierachsig. Die vergleichsweise hohe Leistung ergab sich daraus, dass A- und B-Units als eine Lok gezählt wurden, da sich in letzterer Batterien für beide befanden, und sie betrieblich nicht getrennt werden konnten.

Alco stieg zwar früh ins Diesellokgeschäft ein, baute bis zu Beginn des Zweiten Weltkriegs je-

Die zwischen 1972 und 1988 gebauten SD40-2 von EMD sind mit 4291 Stück ein echtes Erfolgsmodell. Dieses Exemplar trägt einen längeren vorderen Vorbau, die so genannte Snoot Nose. Als Güterzugmaschine trug die 5140 der Santa Fe bis in die 90er-Jahre die blau-gelbe Warbonnet-Lackierung. Foto: Armin Schmutz

doch nur Rangierloks und die immer noch von vielen Bahngesellschaften georderten Dampfloks. Interessanterweise entstanden die berühmtesten US-Dampfloks wie Big Boy, Challenger und Allegheny zu einem Zeitpunkt, da die Dieselloks die schwarzen Riesen zu verdrängen begannen. Man sah bei Alco zwar den Erfolg der E-Serie von EMD und konterte mit der eigenen DL-100-Serie, die Produktionsbeschränkungen für Personenzugloks nach Eintritt der USA in den Zweiten Weltkrieg verhinderten aber eine größere Serie. Die Baureihe hatte nicht den Erfolg der E-Units von EMD und wurde bereits 1945 eingestellt. Erst 1946 kam mit der FA/FB-Linie ein Konkurrenzprodukt zu EMDs F-Units und ein Jahr später versuchte das Modell PA den E-Units Marktanteile abzugraben. Das Verhältnis der gebauten E-Units zu den PA war am Ende etwa vier zu eins!

Auch Baldwin stieg zu spät und mit mäßigem Erfolg in den Markt der Streckenloks ein. Die bekannteste Baldwin-Type dürften die vom Star-Designer Raymond Loewy gestalteten RF-16 (Sharknose) sein, von denen zwischen 1949 und 1953 etwa 115 Exemplare gefertigt wurden. Schon 1956 stellte der traditionsreiche Hersteller Baldwin die Produktion von Dieselloks ein.

Die etwa 3000 PS starken C30-7 von GE, Nachvolgerinnen der so genannten U-Boats, haben eine Achslast von 27 Tonnen und werden durch sechs elektrische Fahrmotoren angetrieben.
Foto: Armin Schmutz

Nach dem Zweiten Weltkrieg nutzte EMD den Erfahrungsvorsprung und wurde wieder zum Trendsetter für neue Lokomotivtypen. 1949 kam mit der GP (General Purpose) 7 die erste Lok einer neuen vierachsigen Universal-Lokfamilie auf den US-Markt, zwei Jahre später die SD (Special Duty) 7, eine sechsachsige Weiterentwicklung. Beide konnten mit Zugheizeinrichtungen geordert werden. Im Zentrum der Entwicklung stand die Forderung, gegenüber den Cab-Units der E- und F-Serien eine einfachere Wartung von außen zu ermöglichen. Daneben wollten die meisten Bahngesellschaften mit dem weitgehenden Ausscheiden der Dampfloks auch deren Behandlungsanlagen loswerden. Um an den Wendepunkten der Loks Gleisdreiecke und Drehscheiben einsparen zu können, mussten die neuen Loks in beiden Fahrtrichtungen einsetzbar sein. Die GP7 war technisch mit der stromlinienförmigen F7 identisch, wies aber einen Umlauf und schmale Vorbauten auf. Beide Familien, GP und SD, wurden bis heute weiter entwickelt und in riesigen Stückzahlen produziert. So verließen beispielsweise allein von den GP7 und GP9 zwischen 1949 und 1959 mehr als 6000 Exemplare die Werkshallen.

Die 1064 Exemplare der von General Electrics 4400 PS starken Erfolgsmodells Dash 9-44CW bilden bei der BNSF das Rückgrat im Intermodal-Verkehr. Die führende Lok trägt das moderne Pumpkin-(Kürbis) Farbschema, die drei anderen tragen die einst nur für Personenzugloks konzipierte populäre Warbonnet-Lackierung. Foto: Armin Schmutz

Alco stellte seit 1940, also noch vor EMD, so genannte Roadswitcher der Typen RS-1 bis RS-3 her, die sich mit mehr als 2000 Exemplaren in 20 Jahren auch gut verkauften. Der Motoren-Spezialist Fairbanks-Morse eröffnete 1953 mit dem 2400 PS starken sechsachsigen Trainmaster das PS-Rennen. Das im selben Jahr eingeführte direkte EMD-Konkurrenzmodell SD9 leistete vergleichsweise schmalbrüstige 1750 PS. Auch wegen der großzügigen Trade-In-Praxis von EMD, die es Bahngesellschaften ermöglichte, alte Loks in Zahlung zu geben, hatten die Konkurrenten kaum eine Chance.

Gegen Ende der 1950er-Jahre teilten sich mit Alco und EMD zwei ungleiche Hauptkonkurrenten den US-Markt. Bis Anfang der 60er-Jahre ein neuer Wettbewerber im Streckendiesellokmarkt auftauchte: General Electric. 1959 stellte GE die U-(Universal)-Familie vor. Das erste »U-Boat« war die U25B (die Zahl gibt die Leistung, hier 2500 PS, der Buchstabe die Anzahl der Achsen im Drehgestell an). Da sich die elektrischen Bauteile von GE eines sehr guten Rufes erfreuten, verkauften sich die kräftigen und zuverlässigen U-Boats von Anfang an sehr gut. Auf der Strecke blieb Alco und stellte die Fertigung von Dieselloks in den USA 1969 ein. GE entwickelte sein Diesellokomotivprogramm kontinuierlich weiter und überflügelte in der Produktion in den 90er-Jahren sogar den Rivalen EMD. Heutzutage prägen die sechsachsigen Maschinen der Baureihe Dash 9 (Strich 9) beziehungsweise deren mit Wechselstrom-Motoren ausgestatteten Schwestern AC4400 und AC6000 das Angebot. Bei EMD heißen die Lokomotiven immer noch GP und SD. Die leistungsfähigste ist heutzutage eine SD 90 mit stolzen 6000 PS.

Während in den USA der Güterverkehr auf der Schiene immer noch eine außerordentlich wichtige Rolle spielt, weit mehr als in Europa, haben Automobil und Flugzeug die Vormachtstellung im Personenverkehr übernommen. Die großen Bahngesellschaften, die bis heute überlebt haben, stellten schon vor Jahrzehnten die Personenbeförderung ein. Die halbstaatliche Amtrak bedient heute weitestgehend diesen Markt, der in den letzten Jahren wieder Zuwächse zu verzeichnen hat. Es werden auch immer noch neue Lokomotiven für diesen Zweck entwickelt und gebaut. General Electric stellte 1996 die futuristisch wirkende Genesis-Reihe, P42DC, vor und EMD erinnerte mit der F40 ab 1976 an die große Tradition der E-Units. Die F40 wurden ab 1988 von den F59PH und ab Mitte der 1990er-Jahre von den schnittigen F59PHI abgelöst.

Die 4000 PS starken und 119 Tonnen schweren Dash 8-40BP von GE rollen auf Hochgeschwindigkeits-Drehgestellen von Krupp. Seit 1993 beschaffte die halbstaatliche Bahngesellschaft Amtrak 46 Exemplare für den Personenverkehr.

Foto: Armin Schmutz

826
Amtrak
826

Anhang

Literaturverzeichnis

- AEG, Hilfsbuch, Berlin 1965
  Autorenkollektiv, Die Triebfahrzeuge der Deut schen Bahn AG und ihre Heimatbetriebshöfe (div. Ausgaben), Krefeld
- Bergmann/Schäfer, Lehrbuch der Experimentalphysik, Band I Mechanik, Akustik, Wärme, Berlin 1974
- Bergmann/Schäfer, Lehrbuch der Experimentalphysik, Band II Elektrizität und Magnetismus, Berlin 1987
- F. Borchert/H.-J. Kirche, Lokomotiven der Deutschen Reichsbahn. Ellok, Diesellok und Triebwagen 1949 bis heute, Berlin 1986
- E. Born u. a., Lexikon für Eisenbahnfreunde, Luzern 1977
- Andreas Christopher, Kleinlokomotiven deutscher Staatsbahnen, Köln 2000
- Diesel, Eugen, Diesel, Hamburg 1937
- Dreher, Hansi, Triebfahrzeuge der Deutschen Bundesbahn, Augsburg 1994
- Th. Estler, Das große Loktypenbuch, Stuttgart 2001
- Johannes Feihl, Die Diesellokomotive, Stuttgart 1997
- GDL, Handbuch der Dieseltriebfahrzeuge der Deutschen Bundesbahn, Frankfurt 1975 (3. Auflage)
- Gerthsen, Kneser, Vogel: Physik, Berlin, Heidelberg, New York
- Wolfgang Glatte, Deutsches Lok-Archiv, Berlin 1993
- Glaubitz, Frank; Ulbricht, Michael, Deutschen Lokomotiven in Italien, Köln 2003
- Haeuber, Dr. Hans-Dieter, Krupp im Dienste der Elektro- und Diesellokomotive, Moers 1984
- Heinz, Kurt, Brennkraft-Triebfahrzeuge, Starnberg 1972
- Hollingsworth/Cook, Das Handbuch der Lokomotiven, Basel 1990
- Latten, Richard: Jahrbuch Europäische Eisenbahnen (mehrere Jahrgänge), Stuttgart und Berlin
- Lexikon der Eisenbahn, Berlin 1990
- Lexikon der Lokomotive. Geschichte und Technik, herausgegeben von H. Rose, Berlin 1992
- Kademann, Siegfried, Messerschmidt, Wolfgang, Henschel Lokomotiven, Augsburg 1995
- Kunicki, Heinz, Dieseltriebfahrzeuge gestern und heute, Berlin 1965
- Kunicki, Heinz, Kraftübertragungsanlagen für Dieseltriebfahrzeuge, Berlin 1966
- Kratzsch-Leichsenring, Michael U., Diesel- und E-Loks im Bahnbetriebswerk, Stuttgart 2001
- Leitsch, Joachim, Sydow, Harald, Regelspurige Diesel- und Elektrolokomotiven auf den Steinkohlenzechen in Nordrheinwestfalen, Köln 1999
- Lomonossoff, Georg V., Diesellokomotiven, Düsseldorf 1985
- Maier, Konrad, Die Diesellokomotiven bei der DB, Stuttgart 1988
- Marre, Louis A., Diesel-Locomotives: The First 50 Years, Waukesha 1999
- McDonnell, Greg, Diesel Locomotives, Waukesha 2002
- M. Mehltretter, Die Lokomotiven der Deutschen Bundesbahn, Stuttgart 1978
- Menny, Klaus, Strömungsmaschinen, Stuttgart 2003
- Merkbuch für Triebfahrzeuge: Die Elektro-, Diesellokomotiven und Triebwagen der Deutschen Reichsbahn, Holzminden

- Messerschmidt, Wolfgang, Diesellok-Raritäten, Stuttgart 1980
- Mollenhauer, Klaus (Hrsg.), Handbuch Dieselmotoren, Berlin
- MTU, Erinnerungen 1909 bis 1984, Friedrichshafen 1984
- Niedt, Markus, Die Baureihe V 80, Friedberg 1985
- Niedt, Markus, Die Gasturbinenfahrzeuge der Deutschen Bundesbahn, Friedberg 1986
- H. J. Obermayer, Diesellokomotiven, Augsburg 1995
- Wolfgang Paetzold, Voith-Turbogetriebe 1930 bis 1985, Heidenheim 2002
- Wolfgang Paetzold, Voith-Turbogetriebe für Diesellokomotiven 1985 – 2000, Heidenheim 2001
- Wolfgang Paetzold, 65 Jahre Voith Turbogetriebe für Schienenfahrzeuge 1930 – 1995, Heidenheim 1995
- Wolfgang Paetzold, Die Leistungsübertragung von Dieseltriebfahrzeugen, Heidenheim 2000
- Rathke, Kurt, Wilhelm Maybach, Friedrichshafen 1953
- Reinhart, Lothar et al, Strecken-Diesellokomotiven, Berlin 1975
- Richter/Ringler, Lexikon deutscher Privatbahnen, München 2002
- Rheinstahl AG (Hrsg.), 125 Jahre Henschel Lokomotiven, Düsseldorf 1973
- R. R. Rossberg (Hrsg.), Deutsche Eisenbahnfahrzeuge von 1838 bis heute, Düsseldorf 1988
- Schlegel/Bochmann, Dieseltriebfahrzeuge, Berlin 1989 (6. Auflage)
- Sittauer, Hans L., Nicolaus August Otto, Rudolf Diesel, Leipzig 1982
- Solomon, Brian, The American Diesel Locomotive, Osceola 2000
- Sperber, Rudolf (Hrsg.), Technisches Handbuch Dieselmotoren, Berlin 1990
- Stoffels, Wolfgang, 30 Jahre Gasturbinenlokomotive, Ulm 1964
- Stoffels, Wolfgang, Turbotrains International, Basel, Boston, Stuttgart 1983
- J. M. Voith GmbH (Hrsg.), Hydrodynamik in der Antriebstechnik, Mainz 1987
- J. M. Voith GmbH (Hrsg.), Auf den Schienen der Welt Band 1 bis 4, Heidenheim 1961 bis 1980

Darüber hinaus verschiedene Baureihenbücher des EK-Verlags GmbH, Freiburg, GeraMond Verlag, München, Transpress, Stuttgart, sowie Beiträge in verschiedenen Zeitschriften wie Die Lokomotivtechnik, Bahn-Report, Der Schienenbus, Die Bundesbahn, Drehscheibe, Eisenbahn-Journal, Eisenbahn-Kurier, Eisenbahn Magazin, Eisenbahn-Revue International, Eisenbahntechnische Rundschau, Glasers Annalen, Lok Report, Lokrundschau, MODELLEISENBAHNER und Broschüren der Hersteller Bombardier, Krauss-Maffei, Siemens und Vossloh

WEITERE INTERESSANTE BÜCHER ZUM THEMA

Die Elektrolokomotive vereinigt verschiedenste physikalische Probleme und Herausforderungen und erfordert interessante technologische Lösungen. Dieses Buch gibt auf verständliche Weise einen Überblick über die zentralen Bauteile einer Elektrolok und deren Funktionen.
160 Seiten, 156 Abb., 170 x 240 mm
ISBN 978-3-613-71714-5
€ 39,90 | € (A) 41,10

Dieses Buch berücksichtigt neben der Technik, Geschichte und Funktion auch alle drei Transaktionsarten und den Wandel der letzten Jahre des Bahnbetriebswerks bei der Deutschen Bahn AG.
160 Seiten, 148 Abb., 170 x 240 mm
ISBN 978-3-613-71716-9
€ 39,90 | € (A) 41,10

Für einen ordnungsgemäßen Betrieb der Eisenbahn sind Fahrpläne, Gleise oder ein vorschriftsmäßiger Rangierbetrieb von großer Bedeutung. Dieses Buch gibt einen umfassenden Überblick über all die Prozesse, welche für einen reibungslosen Ablauf des Eisenbahnbetriebs notwendig sind.
160 Seiten, 98 Abb., 170 x 240 mm
ISBN 978-3-613-71717-6
€ 39,90 | € (A) 41,10

Lothar Weber beschreibt die wichtige Rolle, die die Ausbesserungswerke der Deutschen Reichsbahn der DDR für den Unterhalt und den Bau neuer Fahrzeuge spielte. Dies geht natürlich nur auf Basis der historischen Entwicklung, die der Autor einleitend prägnant darstellt.
160 Seiten, 85 Abb., 170 x 210 mm
ISBN 978-3-613-71522-6
€ 19,95 | € (A) 20,60

Leseproben zu allen Titeln auf unserer Internetseite

Stand Januar 2024
Änderungen in Preis und Lieferfähigkeit vorbehalten.

Überall, wo es Bücher gibt, oder unter
WWW.MOTORBUCH-VERSAND.DE
Service-Hotline: 0711 / 78 99 21 51
www.facebook.com/MotorbuchVerlag

trans press